知识生产的原创基地
BASE FOR ORIGINAL CREATIVE CONTENT

颉腾商业
JIE TENG BUSINESS

HumanForce

The Power of Emotions in a Changing Workplace

对职场情绪说YES

[英] 娜塔莉 · 布杜（Natalie Boudou）—— 著

罗旭 —— 译

华龄出版社
HUALING PRESS

北京市版权局著作权合同登记号　图字：01-2024-2283 号

图书在版编目（CIP）数据

对职场情绪说 yes /（英）娜塔莉·布杜著；罗旭译. -- 北京：华龄出版社，2024.6

ISBN 978-7-5169-2766-3

Ⅰ. ①对… Ⅱ. ①娜… ②罗… Ⅲ. ①情绪—自我控制—通俗读物 Ⅳ. ① B842.6-49

中国国家版本馆 CIP 数据核字(2024)第094135号

策划编辑 颉腾文化　　**责任印制** 李未圻
责任编辑 王　慧　　**装帧设计** 张琳芳

书　名	对职场情绪说 yes	**作　者**	[英] 娜塔莉·布杜（Natalie Boudou）
出　版 **发　行**	华龄出版社 HUALING PRESS	**译　者**	罗　旭
社　址	北京市东城区安定门外大街甲 57 号	**邮　编**	100011
发　行	（010）58122255	**传　真**	（010）84049572
承　印	涿州市京南印刷厂		
版　次	2024 年 6 月第 1 版	**印　次**	2024 年 6 月第 1 次印刷
规　格	880mm × 1230mm	**开　本**	1/32
印　张	7.5	**字　数**	163 千字
书　号	ISBN 978-7-5169-2766-3		
定　价	69.00 元		

谨以此书献给我的丈夫法布里斯（Fabrice），他是我所认识的情商最高的男性之一；献给我的儿子马克斯（Max），他正追随父亲的脚步；献给我的女儿爱丽丝（Elise），她的成长历程充满了非常值得借鉴的经验。

Praise | 赞誉

在本书中，著名作家、企业家娜塔莉·布杜证明了几乎我们所做的一切都与情绪有关。这本书极具洞察力和实用性，凝聚了她数十年来与领导者和组织合作的经验、关于情绪的顶尖科学研究，以及她与丈夫抚养自闭症孩子的亲身经历。娜塔莉的见解能够帮助领导者正确地运用情绪的力量来提升工作表现和幸福感，包括耗能的情绪和提升能量的情绪。

——阿曼达·尚茨（Amanda Shantz）

圣加仑大学管理学教授

娜塔莉深入探讨了职场充满人性关怀的本质，以及我们如何在工作、团队和日常生活中驾驭情绪。她揭示了成功领导者的最佳秘诀之一：通过利用情绪的力量，解读情绪所传递的多重信号，从而做出更明智的决策，为员工创造更好的工作环境。我们可以拥有一切：快乐、平衡、幸福感和好的业绩。感谢娜塔莉宝贵的分享。

——爱丽丝·巴克尔（Elise Buckle）

气候与可持续发展公司 CEO

如何确保团队成员长期保持动力、高效、快乐和灵感？娜塔莉通过非常规的软技能分析，结合实际案例，为我们揭示了创新和激励型领导力的关键。

——安妮·索菲·埃梅奥德（Anne Sophie Eyméoud）

罗斯柴尔德集团财富管理总监

正如娜塔莉强调的那样，带着同理心、情感和个人的弱点去领导团队是提升人际关系、激发员工和建立归属感文化的绝对必要条件。我在整个职业生涯中一直秉持这一理念，它确实很有效。

——迈克·帕克尔（Mike Piker）

Flutter 公司激励总监

“大辞职”浪潮、职场躺平和职业倦怠这些词经常出现在各大文章的标题中，本书试图解读现代职场的现状，以及领导者如何在员工普遍缺乏敬业精神的当下留住人才。娜塔莉探讨了这些新闻标题背后的现实，如果职场情绪能够被充分认识且良好地管理，将对员工的幸福感、归属感和人际关系产生重大影响。想要学习如何运用情绪让员工在工作中展现真实自我的领导者应该读一读这本书；员工也将从中受益，提升在职场中展现真实自我的意识。在人才争夺战中，更多地关注员工的情绪，将有助于赢得并留住那些需要被领导者关怀的员工。正如娜塔莉在整本书中所展示的那样，这是一家强大的公司的核心所在。

——夏洛特·林赛·柯蒂特（Charlotte Lindsey Curtet）

赛宁网安首席公共政策官

本书将情绪置于工作和生活的核心位置，引领我们深入了解自己的情绪。本书语言流畅、文笔清晰，使我们能够更好地觉察和调节情绪，并在职业生涯和工作环境中运用情绪。本书基于最新的研究，通过清晰的案例，为我们展示了如何创造更和谐的职场环境和职场人际关系，是一本不可多得的好书。

——马丽雅·马利克（Maleiha Malik）

伦敦国王学院法学教授

在数字化时代，人类的情感联结与互联网的矛盾日益突出。尽管自动化技术有助于我们克服沟通的困难，但人类最传统的情感交流仍然至关重要且不可替代。这本书让我意识到，理想的社会组织不仅要高效，还要有温度。

——张向晨

世界贸易组织副总干事

后疫情时代，情绪的重要性已无法被轻视和忽视。包括员工、管理者在内的每个人都坚定地拒绝再被当作职场机器的一个齿轮。人们意识到，他们的时间和目标都与自己如何度过职业生涯息息相关，因此时代大潮已经从管理劳动力转向培育人的力量。这本书引人深思，同时从企业高管和基层管理者的角度对这些问题进行了深入的思考和探索。娜塔莉既提供了宏观的视角，又构建了具体的模型，引导读者从现实的角度思考如何发挥人的潜能，实现领导者和员工的共同利益。这本书为人力资源专家、MBA 学生、管理者以及希望在职业生涯中发挥影响力的人提供了实用的见解。

——丽贝卡·尼科尔森（Rebecca Nicholson）

《高管性别歧视》（*Executive Sexism*）作者

娜塔莉围绕如何将情绪融入工作，以及这对我们的职业生涯和职场文化的意义做了深入的分析，她的思想极具启发性。我们需要更善解人意、更具共情力的职场，娜塔莉在帮助我们实现这一目标方面做出了重大贡献。我认为这本书是所有领导者和管理者的必读书。我们越了解自己，了解情绪、偏见和文化的广泛背景，越能让更多人受益。

——艾略特·雷（Elliott Rae）

著名演说家、作家

阅读这本书是一次穿越情绪世界的奇妙之旅，它为我们提供了实用的工具，帮助我们应对生活中的各种挑战。这本书以数个世纪的思考为基础，语言通俗易懂，是一本佳作！

——约翰·麦卡斯克（John McCusker）

百加得全球人才管理副总裁

Introduction | 引言

几乎我们所做的每件事都与情绪有关。然而，尽管我们每时每刻都在经历各种各样的情绪，但人们普遍不愿意谈论它们，或者至少对那些让我们感到痛苦的情绪避而不谈。如果我们确实要谈论情绪，通常也会将其划分为“积极情绪”或“消极情绪”。

尽管我们在表达我们认为愉快的情绪时通常感到轻松，如快乐、热情或投入，但对于任何让我们感觉不好的事情，都会习惯性地不想面对。这种行为方式被铭刻在我们的语言中，我们有一整套表达方式来贬低那些不受欢迎的情绪，比如悲伤、尴尬或羞耻，并且禁止进一步讨论这些情绪。

“振作起来。”当一个人劝告另一个人时，显然是在帮助他继续前进。

“让自己平静下来。”

“冷静一点。”

阅读历史上的文学或哲学作品，我们会发现情绪（即使是所谓的“积极情绪”）很少以积极的方式得以展现。这会妨碍或干扰我们做出正确的选择。其中的逻辑是，判断力和理性思考是我们应该尊重的品质，或者说，这是一种常见的观点，做事最好理性客观而不是凭感觉。

其中共同的主题很清楚：表露情绪是一种软弱的表现。为了加重语气，“矫揉造作的”或“歇斯底里的”等贬低性标签暗示，在屈服于这种软弱和完全失去控制之间，存在着一个可怕的临界点。这些侮辱性的术语大多针对女性，尽管偶尔也被用来贬低男性，似乎试图孤立那些能够与情绪建立健康联系的男性。

我从小就开始质疑这些笼统的标签。我的家人，尤其是我的母亲，经常说我太情绪化或者“神经过敏”。我年幼的大脑开始从思考我是否真的比其他人的情绪更充沛，转向思考过于情绪化是否真的是一件坏事。副词“过于”的使用意味着确实如此，我太情绪化了。

这激发了我对情绪的终身兴趣，并引导我专攻这一领域。我尤其感兴趣的是，人们如何看待职场中的情绪。显然，在有安全感的家庭中，偶尔的情绪崩溃是被允许的，但在许多企业环境中，情绪的表达是不被赞成的。出于某种原因，我们所有的情绪最好都能在上下班途中消失掉。

事实上，无论是在家庭还是职场中，都不存在所谓的太过情绪化，同样也没有积极情绪和消极情绪之分。积极情绪和消极情绪的定义是一种看似明确的极端区分，用以区分那些在当下感觉良好和感觉糟糕的情绪，但对我来说，这种区分并不理想。其实，从长远来看，在当下感觉良好的情绪可能并非真正有益，反之亦然。

对于那些在当下难以处理和不愉快的情绪，与其打上消极的标签，我更愿意称它们为耗能的情绪，因为它们就是如此，令人身心俱疲。

你可能对这样的情形并不陌生：在家里感觉很糟糕。也许工作不顺利，或者你遭遇了某种个人危机。一天下来，你感到筋疲力尽，就像刚跑完一场马拉松一样。尽管并没有进行任何体力劳动，但你已经精疲力竭，这时的你就正在经历耗能的情绪。

无论能量消耗与否，每种情绪都在传达特定的信息，都是为了达到某种目的。如果人类没有情绪，我们就不可能存活这么久。情绪帮助我们成长和进化。

我们应该拥抱自己所有的情绪，因为情绪在我们生活的方方面面都发挥着至关重要的作用。

- 情绪能够保护我们；
- 情绪对于我们如何思考和反应至关重要；
- 情绪能够帮助我们产生内驱力并做出决策；
- 情绪不仅让我们更好地了解自己，而且有助于让我们更好地理解他人并与他人产生联结。

毫无疑问，情绪是我们生活的基本组成元素。

我们并非任凭情绪摆布，表达情绪也不是软弱或失控的表现。事实恰恰相反，与其遇事咬紧牙关，不如学习如何识别情绪、处理我们的感受，并有效地管理这些情绪。运用这一策略，我们可以取得更多成就，自我感觉也会更好。

当然，你可以继续在工作中忽视自己的情绪（潜台词：“其他人都这样做，我不想显眼。”），但忽视情绪并不意味着它们会消失。情绪就像你收件箱中的信息，取决于你是否点开。

你可以忽略某种情绪，让它与其他几十封未打开和被忽视的情绪信件堆积在一起，但就像未被处理的电子邮件一样，除非你采取某种行动，否则情绪并不会自动消失。你也无法简单地忘记它。被忽视的情绪还会继续困扰你。当你夜不能寐或感到头痛时，抑或是第二天情绪低落时，被忽视的情绪就会浮现。它会一次又一次地提醒你，直到你不得不关注它。

任何曾经决定清除数百封甚至数千封收件箱里的邮件并且成功的人，最终都会收获掌控自己生活的快乐。对待情绪也是一样，与之共处并利用情绪的力量，你会体验到掌控自己生活的快乐。

我已经在公司工作了几年，致力于帮助团队领导者及其成员更有效地处理他们的情绪问题。目标是通过文化转型建设更强大、更具智慧的职场环境。这并不是一刀切的过程。显而易见，所有团队都由个体组成，然而企业领导者常常寻求单一的解决方案来激励他们所谓的劳动力（workforce）。

这完全是错误的。劳动力一词暗示团队是一个没有明显差异特征的同质化群体。你和你的同事完全一样吗？当然不是。就像在家庭中一样，在职场中我们也是独一无二的，每个人都有自己独特的贡献。

因此，将我们的团队成员称为人力（humanforce）则要合适得多，因为这是他们的本质，人是所有职场的生命和心跳。

多年来，我见过太多这样的例子，当一个团队成员被视为“劳动力”而被解雇，个人的情感需求被忽视时会发生什么。我曾与那些因为长期遭受压力而疲惫不堪的客户共事。还有无数人告诉我，他们正处于辞职的边缘，因为他们再也无法忍受那些“有毒”的上司，对自己的下属所面临的挑战毫无感知。我还遇到过失去自我价值感和归属感的人。在每个案例中，这种职场中的情绪低落，都会导致功能失调的职场环境。

同样，我也见过许多情绪力量的例子，情绪得以被正确理解和运用。当领导者了解自己的情绪反应，并能够感知他人的情绪时，就能改变职场环境，构建一支强大、快乐的人力团队。

一旦你理解了为什么“人力”比“劳动力”强大得多，就不会再踏上老路。这是打造更好、更强、更具情绪智慧的职场环境的关键。通过我的同名咨询公司，我与机构合作，帮助其领导者理解如何通过认可团队中每个人的独特性，营造一个让员工相信他们可以全情投入的工作环境，最终更好地组建自己的人力团队。

无论我们关注的是健康与幸福感、多样性与包容性，还是建立强大的领导力，情商都是成功的基石之一。

这本书能为你带来什么

在新冠疫情期间，和许多人一样，我借此机会进行了一些安静的反思。我决定写下自己对如何与情绪共处以及人的潜在力量的理解。开始写这本书的时候，我们尚处于封锁状态。职场发生了翻天覆地的变化，许多团队分散在各地，努力应对居家办公和各种新技术的挑战。

然而，那时我们仍有微弱的希望，我们期待不久的将来能走出疫情的泥淖，因此开始想象疫情结束后的生活。当然，我们都希望在完全摆脱这段不同寻常的经历后，能够迎来更美好的未来。

几乎每个人都清楚，虽然职场已经发生了根本性的变化，但并不一定是变得更好了。虽然许多公司（在一些情况下不情愿地）接受了混合办公，实际上有些公司甚至在疫情之前就已经开始了这一进程，但是结果不尽相同。

很少有企业领导者能够在情感层面联结远距离团队，很少有人知道如何为那些远程办公或很少与同事面对面交流的员工营造归属感。与我合作的许多企业领导者坦言，重新建立联结和团结团队是他们面临的一项艰巨挑战。此外，从疫情时期的情绪震荡中恢复过来继续前行，也是一项重要的任务。

我写这本书的目的是通过我在处理情绪方面的知识和经验，来帮助他们更快更好地走过这个恢复过程。我记录了领导者和团队成员如何更有效地合作，在他们之间建立新的联结，并创造适合 21 世纪的职场环境。

这里有很多技巧和策略，是基于多年来指导领导者及其团队成员如何更有效地处理他们自己和他人的情绪的经验所得，但仅简单地使用这些技巧和策略并不能达到预期的效果，而是需要采取战略性的方法来创造一种归属感文化。为了解释这个过程，作为一个在私人和非营利部门工作的专业人士，我结合自己的经验，有好有坏，并就如何建立更具情绪智慧的工作场所给出建议。

你也可以在个人生活中运用许多策略。我的女儿爱丽丝患有自闭症，一直以来，抚养她的过程使我对情绪研究充满兴趣，并决定写下这本书。在爱丽丝成长的过程中，焦虑是我生活的常态。当我和丈夫努力应对抚养特殊需求孩子所带来的所有恐惧和不确定性时，情商在我们的育儿中发挥了巨大的作用。

就我自己而言，我必须能够识别自己的焦虑，更加敏锐地感受自己的情绪及其对他人的影响。我的韧性随着我的情绪敏捷度的提高而增强。随着时间的推移，我能够更加轻松和灵活地做出调整和变通。

我们夫妻之间以及与家人的沟通，还有我们之间建立的支持性关系，对我们的幸福感至关重要。我们积极寻找欢乐的时刻来庆祝孩子的进步，并及时认可她的成就。这一切是让我们走到今天的关键。当然，所有这些经验都会体现在我对企业的指导和培训中。

本书运用了关于情绪的最新学术研究成果，分享了很多对我的工作非常有帮助的研究。我还与许多情绪和行为专家以及来自公共和私营组织的高级主管进行了交流，并采纳了他们的许多见解。他们对情绪在职场中作用的看法塑造了我在本书中的观点，他们各自不同的背景也带来更广阔的视角。

我们正面临着一个千载难逢的机会，可以让我们的职场变得更好。仔细想想，你可能会发现自己感到紧张或忧虑，兴奋或乐观，这都是正常的，这意味着你已经开始关注自己的感受了。

你将会发现，没有所谓的“坏”情绪。接下来你需要做的是学会与你的情绪共处，这样你就可以采取积极的行动来实现我们都期待看到的变革。

让我们一起释放人的力量吧！

目录 | Contents

第一部分　为什么情绪如此重要

第一部分

为什么情绪如此重要

第 1 章

不可忽视的职场情绪

后疫情时代，全球范围内选择辞职的人数创下历史之最，这也被称为“大辞职”浪潮。关于新冠疫情如何让我们重新思考生活，并最终追求理想职业的故事比比皆是。中层员工选择重新接受培训，转行当教师，商店店员开始在网上销售手工艺品，高管则用小型的家庭运营模式取代了董事会会议室。

与此同时，从麦当劳到亚马逊，许多大公司都在争相填补职位空缺，提供三倍甚至四倍的入职奖金。然而，虽然的确有数百万人正在寻求职业生涯中有意义的长期变革，但这一辞职浪潮早在疫情之前的十年间就已悄然而至，当时的月平均离职率每年上升 0.1 个百分点。

职场中发生了什么呢？

这一转变至少部分是由人口结构变化造成的——大量的婴儿潮一代告别了职场。这不仅是“大辞职”浪潮，也是“大退休”时代，但这并不能完整地解释一切。事实远非如此简单。

我们在过去以及当下依然可以观察到的是一种观念的转变。出于各种原因，各个年龄段的员工都在重新考虑工作在生活中扮演的角色。低薪、缺乏机会以及在工作中感觉不被尊重等问题高居辞职原因榜首。人们有一种真切的感受——我们希望从工作中收获更多东西。千禧一代和 Z 世代尤其渴望支持、包容、透明和值得信赖的职场文化。这一群体构成了近一半的劳动力，他们期望工作能够带来目标感，希望有掌控感和权力。最重要的是，他们希望在工作中建立起情感联结。

忽视职场情绪的代价

我一直怀着极大的兴趣关注着职场中情绪力量的兴起，这一现象由来已久。20 世纪 90 年代初我开始自己的律师生涯时，我所在的律所似乎以大男子主义且守旧的职场环境为荣。同事都很谨慎，我很少能在周围看到任何情绪的流露。

作为一个敏锐的情绪观察者，我清楚地感觉到同事觉得有义务压抑自己的情绪，以展现职业形象。这不仅发生在我的公司中，甚至在我接触到的每家企业中，领导和员工似乎都有一种心照不宣的共识，即情绪是无用的。确切地说，情绪因素会严重干扰日常工作。任何把情绪带入工作的人都会对其工作效率和业绩产生负面影响。

在那之后，尽管进展缓慢，情况还是有所改变。人们普遍认识到，情绪因素会影响团队协作和士气，同事间的互动的确会对工作业绩产生影响。即便如此，正如“大辞职”浪潮来袭所示的，我们还有很长的路要走。

虽然现在企业普遍会对员工进行详尽的入职培训，教他们如何安排会议、撰写符合公司风格的电子邮件以及遵循公司的规章制度，但领导者没有告诉我们，当我们对同事不满，或觉得与上司的交谈不顺利时该怎么办。作为个人，我们也有责任更深入地思考自己处理工作的方式。许多人并不清楚自己有多情绪化，这并不奇怪。与同事沟通的最佳方式是什么？在工作中展现哪些情绪是可以接受的？哪些情绪应该加以控制？我们是否太过情绪化了？

如果统计数据能够作为依据，我们可以将这些问题的答案总结为：展现“过多”的情绪在很大程度上仍然是不被赞成的。疫情暴发前几个月发布的一项研究显示，30% 的部门经理认为在工作中表达情绪是一种软弱的表现，51% 的人认为在职场环境中应该完全抑制情绪。

即使没有人公开反对在工作中表达个人情绪，但其中的信息已然清晰地传达出来。我们本能地知道，不能把真实的自己带到工作中。1/3 的员工承认，他们会在工作中摆出“积极的面孔”来刻意隐藏自己的真实情绪。接近这一比例两倍（59%）的员工认为，自己在工作中无法自由地表达情绪。在涉及悲伤这一情绪时，60% 的人选择独自应对，而不是寻求帮助。

压抑情绪或对其避而不谈对我们的心理健康非常不利，可能导致严重的长期后果。我们如今的工作方式是行不通的。为了更清楚地理解这一事实，请查看以下这份针对美国全职员工的民意调查结果：

- 84% 的员工表示，至少存在一项职场因素对其心理健康产生负面影响。

- 76% 的员工表示，在过去的一年中，至少经历过一种心理健康问题的症状。
- 50% 的人离职，至少部分是由于心理健康问题。
- 心理健康问题造成的员工缺勤时间平均为 8 天。
- 员工称考虑到心理健康因素，他们只发挥了工作能力的 72%。

我们目前正面临一种孤独的流行病，感觉自己在家庭或工作中都没有人可以求助，这对职场同样不利。在一项调查中，36% 的人承认“经常”或“几乎一直”感到孤独，人们焦虑和抑郁的迹象也越来越多。独居群体的数量不断增加，已成为第二常见的家庭形式，仅次于没有年幼子女的夫妇，因此很多人希望在工作中寻求与人的联结，以及令人振奋的归属感。然而，这种需求在很大程度上仍被忽视了。

从很多方面来看，这种情况持续如此之久令人惊讶。除了对个人的影响，不快乐、工作不投入的员工同样不利于公司业务的发展。

人们早已认识到，员工的高敬业度会带来更高的工作满意度、更高的销售额和企业收入。与没有高敬业度团队的公司相比，拥有这样团队的公司其生产力高出 21%。然而，超过一半的员工（51%）在工作中懈怠。

因此，需要明确的是：工作投入度低不仅让员工本人感觉痛苦，也会把负能量传递给同事。投入度低会导致动力和责任感不足，最终造成生产力低下、工作失误、任务拖延、客户服务质量下降和利润损失。如离职大潮所示，这也会导致更多的人频繁更换工作。

问题并不仅在于我们没有满足感，而是这样的职场可能对我们的健康不利。由于员工对不断增加的工作量、要求永远在线的工作文化和不合理的期望产生负面反应，我们正在见证慢性压力和职业倦怠正在以前所未有的速度增加。

技术对情绪的影响

可能有一个极为重要的因素，造成了员工的职业期待与组织期望之间的差距。即使在疫情之前，职场已经在经历着自工业革命以来最大的转变。

科技已经改变了我们的工作方式。现在无论在哪个行业，我们几乎都要应对大量的应用程序、通信工具和项目管理软件。这些产品绝大多数都是从组织的角度设计的，施加给员工的压力越来越大，以提高生产力，始终保持在线，并对每个决策负全责。

由于智能手机和高速互联网的出现，我们逐渐陷入一种永远在线的文化，工作很少局限于办公室或标准工作时间内。我们被各种干扰弄得不堪重负；上班族平均每天接收 121 封电子邮件，每 6 分钟查看一次。我们的收件箱里堆满了各种需要处理的请求和紧急事项，永不停止。

与此同时，并非每个人都是技术的拥趸（即便是在互联网时代成长的千禧一代和 Z 世代）。我们中的许多人都觉得新工具的不断涌现让工作和生活变得过于复杂，令人生畏。一直以来，我们都有一种潜在的不安全感，如果我们不能跟上新技术的步伐，就会被那些能够胜任的人取代。

人工智能（AI）是引起广泛警惕的最新技术之一。人工智能早已成为反乌托邦电影的主要内容；从《终结者》（*The Terminator*）到《黑客帝国》（*The Matrix*），再到《机械姬》（*Ex Machina*），人们对机器充满了怀疑。他们冲着我们来了，这是这些作品的共同主线。

随着人工智能的出现，人们的家庭、工作和娱乐的方方面面都将发生变化，但这并不一定是好事。迄今为止，工作场所是前瞻性技术突破应用的前沿阵地，然而虽然机器学习和人工智能带来了一些令人兴奋的变革，对现代化和工作效率起到了关键作用，但也存在一定程度的阻力。这一切对我们人类意味着什么？机器将如何重新定义我们为职场带来的附加价值？

现状不容乐观。人工智能的最新发展之一是人工情商，即情感智能。这种听起来惊人的技术声称，机器可以像你我一样准确地识别人类的情绪。情感智能已经应用在面试过程中，根据微表情、语调和其他指标，基于现有优秀团队成员来评估候选人的表现。还有其他程序，用来判断我们是否在工作时分心或是否将做出冒险的举动。

为了更了解我们的所思所想，让我们成为更好的员工，数十亿英镑的资金被投入情感智能项目中。多么美丽的新世界啊！

现在，人们正在广泛讨论人工智能是否有可能正确判断人类的情绪（其结果可能会导致某种世界末日大决战）。情绪是复杂的，它们根据我们的文化和生活经历而发展和改变。这种放之四海而皆准的情绪侦测方法可能会导致歧视。不公平的结果很难被挑战，因为“机器不会撒谎”。

毫无疑问，你会对此有自己的看法，我也一样。首先，我认为有一件事是人工智能永远做不到的，那就是成为人类。它无法像我们一样充分利用情绪。即使人工智能能够识别和模仿我们的情绪，也永远无法达到同样的同理心。诸如激励、理解和互动等技能，仍然是人类更擅长，这些技能都是基于情商的。在鼓励员工、建立信任、培养亲密关系和归属感方面，人类的情感永远具有优势。

后疫情时代的职场情绪

在 2020 年之前，所有这些已经出现了一段时间。新冠疫情的暴发，加剧了今天被提到的许多问题。数百万人被停职或失业，剩下的人则不得不适应居家办公。那些不得不继续工作的员工，比如医院、商店和仓库的工人，发现自己突然采用了新的做法来帮助阻止病毒的传播。

最初，我们大多数人都满怀信心地期待在几周内回归正常的生活，并且认为会有一个确切的日期，如前一天我们居家办公或者遵循严格的防疫规范，第二天我们就会回到正常的工作环境，就像什么都没有发生过一样。然而，尽管各个行业的许多组织设定了确切的复工日期，但随着疫情的持续，复工日期一再推迟。到了疫情暴发的第三年，大多数公司不仅不再试图预测那个不断变化的日期，而且已经开始接受我们很可能永远无法回到常态的事实。

现在所有工作场所已经完全停止实行防疫规范，但最持久的长期变化可能是转向一种混合办公模式的远程工作。许多人将每周在家工作几天，虚拟会议将更为普遍，而办公室将仅用于需要当面完成的业务，如谈判、头脑风暴、关键决策和涉及敏感反馈的讨论。情感智能很可能越来越被视为塑造和监测我们急剧变化和碎片化的现代工作环境的有效手段。

暂时放下对机器的不信任。这种工作方式的巨大转变终于得到了认可，并被广泛讨论，这无疑是我们可以重新审视职场的千载难逢的机会。

你可能是数百万将这场大流行视为休止符的人之一，这是一个让我们停下来进行反思的时刻："我在工作中快乐吗？"如果答案是否定的，你的解决方案可能是尝试一些新事物，但如果我们选择其他方案呢？如果不是去开启全新的职业生涯，而是我们所有人利用这个机会一起努力，让我们现有的职场成为我们期待的样子呢？

如果我们用心去做，就可以创建一个更具创新性、更有吸引力的环境，让每个人都能在工作中充分展示自己。如果你处于领导位置，你就可以在为每个人创造更好的工作环境方面发挥重要作用。

员工长期以来一直要求领导者给予其更多关注。现在，领导者和管理者有更多新的机会来满足这些需求，提高员工的参与度，营造更好的职场环境。关键在于，企业要从简单地管理情绪转变为认可和接受情绪在工作场所中的重要性。

情绪不仅是需要我们觉察的事，更开放的情感策略是成功领导的关键。这正是企业领导者所需要的，激励员工并帮助他们实现目标。对于员工来说，这满足了他们表达自我和诚实表达观点的迫切需求。

理解和接纳情绪的策略不再是可有可无的事。在一个日益复杂、技术被广泛使用的世界中，这种策略是吸引和留住人才、营造健康愉快的工作环境以及保持生产力的关键。

本章小结

本章讨论了在工作中开放地理解和拥抱情绪的重要性。一位能够考虑并接纳员工情绪的领导者不仅能收获敬业且稳定的团队，还能提高员工的生产力和工作效率以及公司利润。那句“有幸福感的员工工作更高效”并不是一句空洞的陈词滥调，是时候更进一步思考“人力”的真正内涵了。人类的核心是情感。

第 2 章

发现情绪的力量

几个世纪以来，普遍观点认为情绪是不合逻辑的，甚至可能有点疯狂，因此最好被忽略。毫无疑问，现在我们的语言中依然存在着各种贬低性的词语，对情绪不屑一顾。

古希腊人称情绪为“激情 / 血气”（pathē），意为感受或痛苦，这明确地暗示了理性和逻辑思维具有更高的价值。柏拉图说激情是我们灵魂中的干扰，使我们失去平衡，扰乱我们的平静。另外，亚里士多德认为情绪主要呈现的是一种被动状态。然而，他确实相信，情绪可以被娴熟地运用于赢得说服性辩论。

快进到 19 世纪，查尔斯 • 达尔文建立了所谓的情绪功能观。这位英国博物学家、地质学家和生物学家开创性地提出了这样的观点：情绪传递有价值的信息，并激发适应性行为，这对生存至关重要。爱和依恋的感受能够引导人们寻找伴侣并繁衍后代。恐惧促发我们在面对危险源时的战斗或逃跑反应。情绪促使我们迅速做出反应，适应环境的变化，这是我们成功和生存的关键。

达尔文的理论鼓励人们思考情绪和心情如何在思维过程中发挥重要作用，从而影响我们的判断和行为。当科学家开始研究大脑的不同区域时，他们就情绪如何与我们的思维和后续行动相互作用提出许多疑问。许多人得出结论，情绪基本上是流经我们身体的电化学信号。它们在我们的大脑中释放，以回应我们对周围世界的感知，我们会不断地体验到数百种情绪，尽管我们并不总是意识到这一点。

这一思路引导研究人员探索情绪与感觉、情绪与行为之间的区别。哪个先出现？是情绪先出现，然后与情绪相关的化学物质在我们体内发挥作用后随之产生感觉吗？这是否会引发后续的情绪或行为？

关于情绪的理论

20 世纪快速出现了几种情绪理论。虽然它们并不完全同意彼此的观点，但达成了共识：情绪、感觉、思维和行为密切相关。如今，研究人员经常将情绪定义为我们对与自身目标相关的重要情况的多方面反应。

沃尔特·坎农（Walter Cannon）和菲利普·巴德（Philip Bard）提出坎农–巴德理论，引发了相关研究，该理论认为我们会经历与情绪相关的生理反应，而不会感受到它们。更具体地说，当我们的大脑接收到外界刺激的信号时，就会产生情绪，从而带来身体反应。

比如：我看到一头狮子 → 我感到害怕 → 我的心跳开始加快 → 我逃跑。

根据坎农 – 巴德理论，我们对刺激做出反应和体验到相应的情绪，两者同时发生。因此，当我们开始一份新工作时，第一天会感到压力。要认识新同事，要给资深员工留下好印象，要参加会议，还要熟悉工作场所。我们会同时感受到情绪和生理上的压力，比如紧张和心里七上八下的感觉。

继坎农 – 巴德理论之后的沙赫特 – 辛格（Schachter–Singer）理论采取了类似但有微妙区别的解释方式。这一认知评价理论认为，生理唤起先出现，然后我们识别唤起的原因，再将其标记为某种情绪。换句话说，首先是情绪的体验，然后我们才有情绪反应。

比如：我看到一头狮子→ 我的心跳加速，全身颤抖→ 我的心跳加速和全身颤抖是由于恐惧→ 我感到害怕。

认知评价理论，也被称为拉扎勒斯情绪理论，因为提出该理论的理查德 • 拉扎勒斯（Richard Lazarus）得名。与沙赫特 – 辛格理论颇为相似，该理论认为，首先要有外界刺激，随之产生想法，再引起生理反应和情绪。如果你遇到那头狮子，事件的顺序将是：

我看到一头狮子→ 哦不，我处于危险中→ 我感到害怕→ 我的心跳加速。

学者们已经达成了一种共识，那就是情绪能在受到刺激的一瞬间释放出来。比如，如果一只狗对你咆哮，或者朋友给你讲一个悲伤的故事，就会触发你的恐惧或悲伤等情绪。

我们的大脑只需要 1/4 秒来识别外界刺激，再用 1/4 秒分泌化学物质，这种化学物质在我们的身体和大脑之间形成一种反馈循环。有趣的是，我们的情绪在得到处理后不会持续很长时间。根据哈佛大学脑科学专家吉尔 • 波特 • 泰勒（Jill Bolte Taylor）博士的说法，90 秒就足以识别一种情绪并让它消散。

当我们消化和整合情绪时，就会产生感受。这是身体的生理感觉，比如胃部不适、如鲠在喉或感到寒冷。这些生理感觉会非常迅速地出现，几乎与情绪同时被触发。实际上，是身体在提示我们正在经历某种情绪。

最后，我们会体验到心情。心情是感觉和情绪混合的结果，可以持续一段时间，甚至一整天。我们的行为是否会受到影响，取决于我们如何处理情绪。当然，如果我们不处理情绪、不承认或拒绝正在发生的情绪，那么我们的心情和行为受到影响的时间可能要长得多。值得注意的是，心情也会受到其他因素的影响，比如环境或我们所吃的食物。

因此，再回到狮子的例子：

> 我看到一头狮子 → 我感到恐惧 → 我得跑开，因为如果不这样做，我可能会被吃掉。

这里有一种情绪、一个想法、一种身体的感觉，比如恐慌或呼吸困难，然后我们会做出某种行为。

在这一时期，另一个促进我们对情绪理解的重要事件发生在 20 世纪 70 年代，心理学家保罗·埃克曼（Paul Ekman）阐释了六种基本情绪。到这一阶段，人们更加深入地了解到，有许多不同类型的情绪会影响我们的生活和与他人的互动，决定我们的选择和行为。埃克曼确定了所有文化中普遍存在的六种情绪：快乐、悲伤、厌恶、恐惧、惊讶和愤怒。后来，他又将自豪、羞耻、尴尬和兴奋加入这一情绪列表。

多年来，对于哪些情绪应该包含在这个列表中的观点各有不同。埃克曼指出，来自不同文化背景的人在展现和表达情绪的方式上存在差异。由于出生和成长的环境不同，我们对特定事件的反应有明显差异。让你愤怒的事情可能不会让其他人生气，但愤怒这种普遍的情绪是相同的。同样，我们用于表达情绪的语言也因所处的地域而异，表达每种情绪的词汇数量也不同。

德国人用 schadenfreude（意为幸灾乐祸）这个绝妙的词来形容我们得知敌人遭遇不幸时的喜悦。毫无疑问，世界各地的人都有类似的感受，但在包括英语在内的大多数语言中，并没有对应的词。

情绪是共通的，但当我在企业环境中进行培训时，我只关注四种情绪：快乐、悲伤、恐惧和愤怒。这些是人们最容易识别的情绪，认识主要的情绪对于深入理解其表达方式以及对我们行为的影响至关重要。

情绪背后的语言

情绪是造成冲突的首要因素。情绪告诉我们什么对我们是重要的，以及我们的驱动力来自何处。情绪还让我们知道自己对什么感觉强烈、某件事是错误的或者我们的边界受到了侵犯。在我解决冲突的工作中，情绪通常是我需要处理的首要指标。

当你了解自己的情绪、动力和抱负，以及让你生气的原因时，你就能更有效地解决冲突。同样，你越了解自己的情绪以及它们如何驱动你，你就越能理解他人是如何被情绪驱动的。当你在考虑如何与人合作或激励他们时，了解这些因素会让你有更多选择。

丽贝卡·尼科尔森（Rebecca Nicholson）

博士，作家、研究员和战略家，专注于冲突解决领域

情绪是用来感受的，然而我们很擅长压抑那些我们不喜欢的情绪。这是因为我们不愿意承受它们带来的不愉快的感觉。我们不喜欢胃里的那种紧绷感或者心跳加速的感觉。我们更喜欢放松和平静的感觉。

早些时候，我引入过一个类比，我说情绪就像电子邮件，我们可以选择打开并处理，或者选择将其忽略。尽管回避我们认为可能会带来挑战或痛苦的那些情绪是很正常的，但我们要清楚它们只是促使我们采取行动的信号。

举个例子，看看我们通常试图回避的情绪背后的核心信息。

常见情绪背后的核心信息

情绪	信息	采取的行动
愤怒	我的价值没有得到尊重，或有些事情不公正、不公平	我需要设定界限或纠正错误
恐惧	有危险或者安全隐患	我需要保护自己
悲伤	我失去了很重要的东西	我需要接受现实和学会释然

通常情况下，上面表格中所呈现的情绪都是极其强烈的。如果我们忽略它们或不去打开这些信息，它们就会一直留在我们的收件箱里，让我们烦恼。渐渐地，它们会耗尽我们的精力，让我们无法呈现最佳状态。这些情绪并不会消失，它们会在我们的身体中停留数天、数周，甚至更长时间。

我们压抑自己的情绪时，会采取过度进食、饮酒等补偿行为，或者会通过孤立自己来试图摆脱情绪困扰。这种做法除了不利于自己的健康，还会对我们最亲近的人产生负面影响。

为了更好地理解这一点，想想你在工作中经历强烈不愉快情绪的时刻。也许一位同事在会议上打断了你，或者有人以不尊重的方式和你说话。回想一下当时的感受，并梳理当时的情绪。也许你感受到了挫败、愤怒或悲伤。这种愤怒在提示你什么？悲伤的背后是什么？

一旦你退后一步，思考情绪背后可能存在的原因，将有助于你决定如何处理情绪，并选择合适的行动方案。我们将在下一章中更详细地讨论这一过程。

那么，比如喜悦、兴奋、感激等这些令人愉快的情绪呢？这些情绪是正面的和必要的，我们需要努力保持这些情绪，因为它们给予我们能量，有利于我们的健康和幸福。

已有很多研究专注这一领域。马丁•塞利格曼（Martin Seligman）博士在积极心理学领域非常知名，他建立了一个模型，其中的五个构建模块能够使人们蓬勃发展，培养自己的才能，建立良好的人际关系，并为世界做出贡献。模块之一便是积极情绪。塞利格曼博士认为，回顾过去时，如果我们对过往感到满足，便会滋养感激和宽容，进而转化为当下的幸福感。

芭芭拉•弗雷德里克森（Barbara L. Fredrickson）博士是社会心理学、情感科学和积极心理学领域的杰出学者，20 多年来一直在研究和推进有关积极情绪的科学。她指出了 10 种重要的愉快情绪，包括喜悦、感激、宁静、兴趣、希望、自豪、逗趣、激励、敬畏和爱。

关于积极情绪在工作中的作用已经有很多文献，其好处也得到了充分的证明。研究表明，积极情绪有益于身体健康、建立信任、对抗抑郁，还可以帮助人们从压力中恢复。弗雷德里克森的研究显示，那些健康幸福的人与状态不佳者之间的区别在于，他们能够通过愉快的日常活动（如社交互动、学习和帮助他人）自发产生积极情绪。她将积极情绪比作营养物质，即使只是暂时的体验，也会影响我们的大脑运作，使我们更加灵活，提升我们的韧性和谋略。

研究表明，感恩这一情绪对身心健康具有重要影响，它可以降低心力衰竭相关风险。另一项研究显示，练习感恩可以缓解焦虑和抑郁症状。同时，开怀大笑可以降低皮质醇水平，降低心脏病发作的风险。我们稍后将更详细地探讨积极情绪的益处。

然而，过多的快乐情绪也会有负面影响。你可能认识那种看起来总是积极、快乐的人。他们总是兴高采烈，从不抱怨。你可以肯定，他们在努力保持正能量。

你可能会问：“这种积极性能有什么不利之处？”我的第一反应是，这可能是这些人隐藏或掩饰真实情绪的一种方式。虽然他们可能善于避免不愉快的情绪，并运用技巧引导自己获得快乐，但他们并不总是直面现实。

同样的道理也适用于总是关注愉悦、快乐和满足等积极情绪的职场。专家称之为“积极偏差”。其问题在于，如果过分推崇，可能会适得其反，导致人们回避问题，忽视企业的警示信号。

快乐和长期保持积极一直被认为是一件好事，但要意识到，积极偏差可能是一种避免负面情绪、逃避现实的方式。我们将在第 9 章中更详细地探讨“有毒”的积极性带来的问题。

情绪传递信息，我们不能忽视它们，但在工作中我们可以展现多少情绪呢？要适度地展现每种情绪，什么情况是过于情绪化呢？尽管每种情绪都包含重要的信息，但它们有时可能是无益的，因此我们需要去调节情绪。

我将在下一章中讨论情绪的调节。现在，让我们专注于情绪的力量。

职场情绪的力量

为了创造更美好的工作环境，我们需要理解情绪和职场中情绪反应的价值。如今，我们在职业生涯中面临着许多不同的要求。我们需要不断学习；需要有创造力；需要有创新性；需要做出良好的决策，特别是当我们身负领导责任时。此外，我们还需要经营好与同事的关系。我们的情绪对每个领域都有影响。

在第 3 章中探讨我们如何调整情绪以创造更好的工作环境，让每个人都发挥出最佳状态之前，让我们看看情绪发挥关键作用的一些主要领域。

学习

情绪会影响我们的学习方式，因为它与注意力、记忆力、行政职能、决策、批判性思维、问题解决及调控等认知技能有着内在联系。快乐、兴奋和激情等情绪会激励我们去学习，激活大脑的奖励系统，使得学习变得有吸引力，并有助于提升专注力。积极的情绪状态可以帮助我们拓宽视野，看到更多解决方案，坚持克服挫折，并积极应对批评或失败。但某些情绪状态，如压力，会抑制我们的学习能力。

毫无疑问，慢性压力对我们的情绪有巨大影响。许多员工表示感到疲惫、消极、孤立无援，这些都是慢性压力和倦怠的典型症状。压力和焦虑不仅会影响我们的个人生活，还会抑制学习能力，阻碍我们的职业发展。

现如今，需要我们掌握的新事物多得令人应接不暇。疫情后我们重新回到工作环境，但职场已经发生了变化。甚至在疫情之前，数字化的大步推进已经明确显现。这一趋势在疫情期间更是以倍速迈进，现在自动化、人工智能和在线工作正在以更快的速度被采用。这将改变许多工作岗位，有些几乎面目全非，这意味着我们需要适应许多新的工作方式。讽刺的是，这些变化及其适应方式所带来的压力可能会阻碍人们发挥出最佳学习能力。

科学研究

感受，故而学习

我们从进入学校教育体系以来就一直依赖于一些手段获取知识，如学习能力、注意力、记忆和决策，它们都深受情绪化思考过程的影响，并且是情绪化思考的一部分。一项对脑损伤患者的研究支持了这一假设，表明我们需要情绪方向舵来引导我们吸收知识，掌握技能，并指导判断和行动。

创造力

在当今这个充满不确定性的世界里，创造力被列为一项至关重要的技能，因为它能让企业在应对挑战和把握机遇方面占据优势。确实如此，一项针对 5 万种不同技能的职场调查将创造力列为最重要的一项，认为它是现代市场竞争的核心要素，居于管理能力、诚信和远见之上。与那些不这么做的企业相比，投资于创新的企业更有可能具有竞争力，提供更好的客户体验，获得财务上的成功，最重要的是，其员工也会拥有更高的幸福感。

遗憾的是，创造力是令许多企业挣扎不已的问题，这已是共识、情绪起着关键作用，因为愤怒和恐惧等消耗能量的情绪会抑制创造力。

让我们来分析一下恐惧这种情绪，看看它会如何压制一个人的灵感。想象一个富有创造力的员工，被要求提出一个绝妙的全新理念，以适应市场的变化。

在开始这一任务之前，他们就已经知道自己面临着几个恐惧的关键点。首先，他们必须想出突破性的点子。然后，必须向老板汇报；当老板悠哉游哉地评估你的方案时，拖延是不可避免的。最后，将是可怕的反馈环节。可以预见到反馈意见永远不可能是美妙的，尤其是如果老板是出了名的说话耿直的人。如果方案不是百分之百正确，就得从头再来，重新开始整个循环。如此反复，难怪这样的流程会抑制创造力的发挥。

如果人们感到自己无法安全地提出建议、表达新想法时，创造性便无从谈起。像恐惧这样的情绪对创造力有极大的遏制作用。

许多公司试图通过创造情绪自由流动的环境，来规避恐惧和其他消耗能量的情绪循环。你肯定了解这类东西：放松舱、懒人沙发和乒乓球桌。虽然这一切听起来都很好，但你可能会惊讶地发现，过多的精力并不一定能带来最佳的创造力。

碰巧的是，最具生产力的状态之一就是无聊。加拿大约克大学无聊实验室的心理学家约翰•伊斯特伍德（John Eastwood）说，当我们无聊时，我们会感到困顿。我们的心智能力减弱，但同时，我们又渴望激发自己的思维。这使我们变得更有创造力。

我们在疫情期间确实看到了这方面的证据。在连续的封锁期间，人们感到厌烦、无精打采，这促使我们更有创造力。我们做饭、跳舞、绘画、发明新的棋盘游戏，都是因为我们获得了表达自我的时间和空间。

正如下面的研究所证明的那样，情绪低落有时也有助于激发我们的创造力。

科学研究

情绪低落的另一面

乔•福加斯（Joe Forgas）发现，虽然积极情绪确实能够促进创造性、灵活性和合作，但悲伤也会让我们更加专注和勤奋。事实上，这位心理学教授的研究表明，有时情绪低落可以提升我们的创造性表现。

在这项研究中，随机挑选了一些离开街角商店的顾客，询问他们记得在柜台里看到过多少不寻常的物品。研究者严格控制实验中的条件，在同一家店、一天中的同一时间、同一名收银员，不同寻常物品也摆放在相同的位置。唯一不同的是顾客离开商店时的天气。研究人员发现，当天气不佳，参与者的情绪较为低落时，在记忆测试中的表现要好得多。当人们走在阳光下，心情好、无忧无虑时，几乎记不住任何物品。

决策

决策是工作中不可或缺的一部分，即使对非领导者也是如此。做出正确选择的能力影响着我们的职业生涯，也会影响领导者的成功。因此，成为有效的决策者对我们而言非常重要。做出正确的决策能够节约时间和资源，赢得他人的尊重，提高生产力，并预防出错。所以，充分理解这个过程是有意义的，这样我们可以保持甚至提升我们的决策能力。

说到做决策，大多数人认为主要依靠我们理性的大脑或者心智力量，能否做出正确的决策完全取决于我们的智力。但再想想看，情绪在其中起作用吗？答案是肯定的。你可能从未从这个角度考虑过这个问题。

很多人说"跟着感觉走"或者运用直觉。他们采取行动是因为"感觉对了"。这是情绪决定我们行为的完美例子。从表面上看，这些基于情绪的决定是完全非理性的，与所有证据相矛盾。比如，如果害怕坐飞机，我们就会开车去目的地，尽管从统计数据看，开车比坐飞机更危险。

同样，如果我们是积极、自信和快乐的，我们很可能会以某种方式得出结论。如果我们感到愤怒、悲伤或不开心，我们可能得出完全不同的结论。

我们的情绪确实在很大程度上决定了我们的行为。我们以为这是大脑在思考或者源自理性的力量。其实不然。

科学研究

情绪对评分的影响

在一项实验中，教师被分成两组。其中一组被要求写下一段积极的课堂经历，而另一组被要求回忆一段消极的记忆。然后，他们都被要求给同一篇学生的文章评分。写下积极经历的一组教师比另一组教师给的评分整整高出一个等级。

随后，当教师被问及他们是否认为情绪会影响自己对作文的评价时，87% 的人认为没有任何影响。但分数似乎表明情况并非如此。

虽然我们知道情绪会影响我们的决策，但我们应该警惕简单化的推断。尽管积极的想法让这项研究中的教师心情更好，但这并不意味着快乐能让我们做出最佳决策。如果我们正在经历强烈的耗能情绪，如焦虑、愤怒和悲伤，我们可能会在做决策时更加谨慎，花时间仔细权衡各项事实。相反，如果我们状态更积极，我们可能会更浮躁和冲动，倾向于忽略事实而依赖直觉。

诺贝尔奖得主丹尼尔·卡尼曼（Daniel Kahneman）的著作《思考，快与慢》（*Thinking, Fast and Slow*）对此给出了一些启示。正如书名所示，卡尼曼认为我们有两种思维系统：快速系统和慢速系统。当我们需要真正分析和深入思考以做出重大决定时，比如买房子，我们使用慢速系统。我们在处理不需要认真思考的事情时，比如决定是否吃掉最后一块巧克力或是在海边把脚趾伸进水里时，几乎是无意识地使用快速系统。让我们在几分之一秒内做出决策并采取行动的快速系统，类似于我们认知中的基于直觉的行动。

因此，我们的大脑在两个独立但有所重叠的轨道上运作；一个不假思索便做出响应，另一个则是慢慢来先权衡信息。我们做出快速决定很容易受到心情、情绪和偏见的影响。

虽然这不是我们可以控制的，但我们并不是对此完全无能为力。任何需要在一天中做出某个决策或一系列决策的人都需要积极关注自己的情绪。

比如，克莱尔在上班前和伴侣吵了一架，心情不快地开始了通勤。她需要承认发生了什么，并认识到，除非她做些什么来调节情绪，否则她的不愉快很可能影响她在工作中做出的决策，也可能影响她与同事相处的方式。

动机与投入度

在工作中，动机至关重要。许多企业投入大量资金采取措施激励员工，但效果不一。盖洛普公司 2021 年针对动机的全球调查发现，只有 15% 的员工是有工作动力的。在欧洲，只有 10% 的员工在工作中有动力，在美国，这一比例为 33%。英国的员工动力数据更为令人担忧，这一比例仅为 8%。这一结果与过去若干年相比明显下降，表明动力缺乏仍是所有组织面临的巨大挑战。

我们所说的动机是什么意思呢？有趣的是，动机（motivation）这个词与情绪（emotion）一词密切相关。实际上，单词 emotion 的拉丁词根是 emovere，意为移动、激起或激励。我们的情绪激励并驱使我们，给我们能量，帮助我们理解所经历的一切。

动机是推动和影响我们行为的驱动力，我们遵循动机采取行动是因为它们让我们感觉良好，有获得感。动机与投入度并不相同，尽管两者都对业务绩效有巨大影响，而且都受到情感联结的影响。投入度是指对组织的一种使命感、归属感和承诺感，而动机是基于这些感情付诸行动的意志力和动力。投入度是员工把工作做到最好的基础，而动机是他们实际完成高质量工作所需的燃料或能量。当员工投入度高时，团队自豪感、领导力、多样性、健康程度、幸福感及使命感也会提高。

我们可以使用许多不同的模型来分析工作中的动机，其中最著名的是马斯洛需求层次理论。1943 年，亚伯拉罕 • 马斯洛（Abraham Maslow）在其论文《人类动机理论》中提出了五种需求：生理需求、安全需求、爱与归属需求、尊重和自我实现需求。从生理需求开始，在考虑下一个需求之前，人的每种需求都需要依次被满足。

马斯洛的金字塔理论非常著名，但由于缺乏研究基础而受到质疑。近年来，专家研究越来越多地指出动机的另一个关键因素：联结的需求。我们都希望感觉自己与某种事物联系在一起，拥有归属感。

《鼓舞人心的领导者》（*The Inspiring Leader*）一书中对 2.5 万名领导者的研究发现，那些最能激励员工的领导者（团队中排名前 10% 的人）有一个共同点：他们有能力与员工建立起强烈的情感联结。作为有情绪的人类，我们与团队、同事和上司建立情感联结的能力激发了我们的最佳表现。

为了在职场中营造联结感和归属感，我们更要关注情绪。人们需要感受到自己身处一个有着人际联结、爱、温暖和情感的地方。在一个充斥着压抑情绪的工作环境中，人们不会有联结感，不会有那种激励人心的归属感。本书的第三部分将更为详细地探讨归属感、联结、爱和温暖。

健康与幸福感

在后疫情时代，疫情对我们生活造成的影响愈加彰显。每天，我都在辅导和帮助那些受心理健康困扰的人，他们觉得很难找回工作的动力。

研究非常明确地指出，当组织在着眼新的工作方式、应对不断变化的商业世界时，保证员工的健康与幸福度应该是他们的首要任务。超过半数的劳动力（57%）表示他们已经厌倦了，可能会辞职。这种情况一直延伸到最高层，76% 的高管认为疫情影响了他们的整体健康状况。

全世界都能敏锐地感受到疫情后幸福感的下降。自 2021 年以来，欧洲和南亚地区的幸福感下降了 5%，员工普遍反映，自己目前的生活不如疫情前，对未来也没有什么期待。或许这里最令人担忧的数据是，认为组织关心员工幸福感的员工仅占 24%。

当组织无法解决与工作相关的压力时，就会导致员工的倦怠，即一种身心疲惫的状态。职业倦怠对我们的精神和身体都有深远的影响，如果不及时应对，会导致长期的心理健康问题，如疲惫、抑郁和焦虑，还可能引发癌症、糖尿病和代谢综合征等疾病和身体健康问题。

压力一词常常与健康和幸福感联系在一起，许多客户问我是否可以将压力归类为情绪。我的回答是，压力是一种生理、心理或情绪的紧张感，通常由引发恐惧和愤怒等情绪的事件所引起。我们感到压力时，是身体对外界的挑战或要求做出了反应。

轻微的压力本身并非坏事。压力让我们专注，激发我们的积极性，促进我们的进化。在工作中，压力帮助我们如期完成任务或解决复杂问题。但如果我们长时间处于持续的压力状态，就会出现问题。这就是我们所说的慢性压力。慢性压力可能导致我们难以放松下来、集中注意力和学习新事物。

几乎每个人都熟悉职场压力的迹象。如果我晚上无法入睡，我会知道有问题，并且可以确定这和我的情绪有关，通常可以在工作中找到原因。如果我没有胃口，吃不下饭，也是同样的道理。我在与客户的合作中发现，许多人都是在自动驾驶模式下生存，对正在发生的事情全然不知，而有些人也许有所察觉，但选择忽视自己的情绪所传达的信息。

让我稍微解释一下我们体内正在发生的事情，以及我们反应背后的科学原理。当我们面对挑战或威胁时会发生什么？

假设，你被要求向高管团队展示项目的结果，而你从未做过这个级别的汇报，或者你第一次被提拔为领导。两种情况都不会危及生命，但无疑都会引发相同的情绪和身体反应。

前额皮质和杏仁核是大脑中参与我们对压力和恐惧的生理和行为反应的关键区域。前额皮质负责做出理性决策，而杏仁核则位于大脑的无意识部分。来自视觉、听觉、触觉、嗅觉和味觉的外部刺激，会激活大脑中包括杏仁核在内的多个区域，并引发战斗、逃跑或僵住的反应。这让我们无法使用前额皮质来帮助我们更理性、更合理地做出反应。

这个过程可以追溯到我们的祖先，他们需要奔跑或战斗才能生存。今天，我们大多数人并不需要每天面对同样危险的局面，但我们的身体依然保留着相同的反应方式。因此，我们需要找到一种方式来调整我们的反应。当然，如果我们确实处于威胁等迫在眉睫的情况，那么战斗，或者更谨慎地说，逃跑反应是可以救命的。然而，如果我们只是在努力思考如何应对新职责时感到压力，战斗、逃跑或僵住的冲动就可能严重干扰我们想要做的事情。

在压力下，我们的身体会释放皮质醇，一种帮助我们保持警觉和耐力的压力激素。初期，皮质醇起到了很好的作用，帮助我们在应对挑战时保持警觉状态，但如果长期未得到调节，皮质醇在体内的水平将会上升，产生危害。如果皮质醇水平一直很高，我们的身体就会习惯血液中皮质醇含量过高，可能导致炎症和免疫系统减弱。

高皮质醇水平也会减少发挥积极作用的激素的释放。在我们压力过大时，使我们感觉良好的激素，如血清素以及与动机有关的愉悦荷尔蒙多巴胺都会下降。总的来说，这会打破我们的激素平衡，耗尽大脑中用于产生幸福感的化学物质，并损害免疫系统。

持续的高压力水平可能会导致各种短期症状，如头痛、背痛和皮肤问题。还可能导致诸多长期性的健康问题，包括：

- 高血压
- 心脏病
- 脱水
- 失眠

- 免疫系统受损
- 糖尿病
- 消化问题

过度的压力不仅会损害我们的身体，也不利于我们的心理健康。和其他器官一样，我们的大脑也是身体的一部分，情绪会影响大脑功能的发挥。

研究已经揭示我们的大脑在长期压力下会发生什么。压力会导致大脑区域的退化，影响认知功能。压力会损害工作记忆、注意力、反应速度和认知灵活性。在工作中，就表现为注意力涣散、冲动控制困难、记忆和规划能力下降。

一项研究让参与者在观众面前发表 10 分钟的即兴演讲，作为压力测试。与测试前相比，他们的记忆和规划能力有所降低，从而得出压力妨碍了他们的表现的结论。另一项研究指出，血液中高水平的压力荷尔蒙皮质醇与青壮年的记忆减退和较小的脑容量有关。

科学研究

隔离的心理影响及应对方法

一项针对新冠疫情期间隔离措施对心理影响的研究发现，隔离期间产生了创伤后应激症状，以及混乱和愤怒的情绪。长时间的隔离所导致的压力引发了对感染的恐惧、挫败、无聊和孤独的情绪反应。有趣的是，该研究还显示这些影响是长期的，即使在隔离结束后也会持续存在。这些深远的长期影响不仅体现在心理层面，还可能引发身体和精神疾病。

职业倦怠并不是一夜之间发生的，而是一个慢性、潜伏的过程。人们无法处理在工作中感受到的长期压力，最终这种压力让他们不堪重负。

有许多方法可以减轻慢性压力，可以做很多事情来照顾自己的健康和幸福感。事实上，如今许多公司都向员工提供韧性或健康与幸福感的培训，帮助他们掌握管理压力的技巧和工具。尽管如此，让我感到沮丧的是，公司领导层往往将职业倦怠视为员工个人问题，认为可以通过培训、瑜伽、运动和其他自我恢复的技巧加以解决。

当然，员工确实需要照顾好自己的健康和幸福感，但越来越多的研究证据表明，职业倦怠的责任应由组织机构来承担。在HumanForce公司，我们对管理者进行培训，让他们明白，职业倦怠的原因并不仅在于个人，往往是糟糕的情绪文化和领导力不足的结果。

许多组织因素都可能引发职业倦怠，如繁重的工作量、缺乏奖励或认可、团队之间公平缺失以及组织和员工价值观不匹配。解决职场慢性压力的最有效途径是采取全面的系统方法。

第一步是评估员工的健康状况，确定可能导致慢性压力或健康问题的组织因素。接下来需要制定策略解决所有这些问题，其中可能包括一系列政策、具体做法、领导力培训和针对所有员工的其他预防性支持和指导。最重要的是，要最大化地消除职场不良行为。对我来说，这是打造职场环境的关键。组织必须建立支持性的、关怀和包容的情绪文化。

本章小结

本章的内容首先追溯了情绪的历史背景和相关理论，这些理论在过去的几个世纪中影响着我们对这一主题的思考。深入探讨了情绪到底是什么，以及为什么不应忽视它们，即使是那些会引发如心跳加速或胃部绞痛等不愉快感觉的情绪。在此过程中，我还分享了一些专家的观点，并引述了相关研究成果，以更全面地理解情绪这一复杂而重要的主题。

第 3 章

如何管理你的情绪

生活是美好的。你一直担心的那个项目现在已经完全步入正轨。就在本周早些时候，领导在团队简报中特别表扬了你。你很有可能很快就要得到梦寐以求的晋升。随之而来的奖金当然会很有用，但更重要的是，这意味着你的技能和努力得到了认可。

突然间，毫无征兆地，你的情绪低落下来。你感觉烦躁，对一切都感到厌倦。曾经能够激励你、激发你热情的任务现在就像是件苦差事。这是怎么回事？

如果你觉得这个情境很熟悉，那就看看你的周围。与你合作最密切的同事的整体情绪如何？团队中的某个人，甚至可能很多同事都心情不好，讨厌自己的工作或者感到完全不在状态，或者以上所有情况都有。

情绪是会传染的。作为人类，我们会有意识或潜意识地与周围人的情绪保持同步。在最基本的层面上，我们模仿身边人的表情、说话方式和动作。看到别人笑，我们也会跟着笑起来。不幸的是，坏情绪的影响力更大。当周围的人对他们的生活感到愤怒和沮丧时，我们也开始感同身受。

在上一章，我们探讨了要把自己的最佳状态投入工作的重要原因。积极的心态可以提升我们的创造力和学习能力，可以帮助我们做出更好的决策，并让我们在哪怕最具挑战性的时刻保持动力。它甚至会影响我们的健康和幸福感。

然而，我们之所以需要与情绪共处还有一个重要原因：情绪会影响我们周围的每一个人。如果我们总是愤怒、怨恨或无法投入，就会引发连锁反应，使整个团队士气大降。

和大多数人一样，我也有过这样的亲身经历。我曾与一位同事紧密合作，她会把所有的情绪都带到工作中，但大多数时候是坏情绪。有时她甚至不来上班，事后告诉我们因为她感到情绪非常崩溃。

尽管我试图不去在意，但这对我造成了巨大的影响，我知道其他同事也感受到了影响。每次这位同事在办公室，就好像所有的空气都被抽走了。虽然我可能是第一个全心全意鼓励在职场中表达情绪的人，但我们需要管理情绪，尊重他人的需求和感受。

通过管理情绪，我们不仅会感觉更好，也能成为更好的工作伙伴，因为我们会对周围人产生积极影响。这不是一种回避或压抑情绪的策略。我们力争让自己处在可以选择的位置。我们将选择如何处理并回应情绪，以实现我们的目标。

如何拥有健康的情绪

在我们探讨一些情绪管理的工具之前，有一点需要说明。我们必须乐于接纳所有的情绪，无论是愉快的还是不悦的，都要在情绪出现时接受它们。

接纳是管理情绪的关键。这并不意味着你要忍受情绪，或是长时间承受它们，抑或是屈服于它们，而是为当下出现的情绪腾出空间，即便它令人不快且你可能不喜欢这种体验。接受或欢迎情绪意味着你愿意在身体里感受它们，并且对它们所传达的信息持开放态度。通过这种方式，你可以采取行动向前迈进。最重要的是，你不会浪费宝贵的精力去压抑或回避这些情绪。

我们已经看到，如果我们选择不欢迎某些情绪，压抑或忽视它们时会发生什么。本章将阐述如何接纳情绪，并介绍我们可以用来更有效地管理情绪的工具。

管理情绪需要循序渐进的多阶段方法，从意识到自己的情绪开始，继而理解情绪试图传达给我们的信息，然后决定是否针对情绪采取行动。这是一个了解自己的情绪以及我们与他人关联的过程。有人将这一过程描述为成为一名“情绪科学家”，但我更愿意称之为“情绪侦探”。

科学研究

情绪调节的模型

心理学家詹姆斯·格罗斯（James Gross）是情绪调节领域的领军人物之一，他认为情绪是对世界的反应，如果我们想要拥有不同的感受，则需要改变思考或关注事件的方式，进行预测并为之做好准备。例如，害怕人群的人应该避免人多的情况，因为那会引发他们的恐惧。或者，如果环境无法改变，那么这个人应该改变环境对自己的意义，或者采取分散注意力的技巧。目标是掌控情绪，引导情绪在恰当的时机显现或隐藏。

格罗斯的模型提出了在造成任何后果之前调节和控制情绪的策略。他建议我们采取的一些关键策略包括：

情境选择：有意识地选择不太可能导致情绪调节问题的情境。例如，有注意力缺陷多动障碍（ADHD）的成年人选择与那些认同而非污名化他们问题的人共处，实际上就是在积极进行情境选择。同样，他们会寻找对ADHD友好的工作环境，让自己身处不会带来相关问题的环境中。

情境调整：我们调整可能引发情绪问题的情境。儿童和青少年远离危险的或霸凌他人的同学，就是为了保护自己而进行的情境调整，以避免接触不愉快的行为。在工作场所，我们可能会避开表现出有害行为的团队成员。

注意力调配：策略性地调配注意力，将其从情绪问题的源头转移开。一项实验能够很好地说明这一点，研究者给一组 4 岁的孩子每人发了一颗棉花糖，并告之如果他们能等待 15 分钟再吃，就能得到第二颗糖。有一半孩子成功做到了，另外一半则没有。那些成功克制住诱惑的孩子通过唱歌、在房间里四处走动，甚至蒙上眼睛来控制自己。这些都是经典的注意力调配技巧。

格罗斯的每条策略都能够有效预防强烈的情绪的产生及其潜在危害，但他并不是说情绪可以被完全消除，而且我们也不应该试图消除情绪。情绪的产生是不可避免的，包括强烈的情绪。那么挑战在于如何回应情绪。

管理情绪的第一步是觉察和关注，可以用经典的 EQ（情商）定义框架加以阐释。

丹尼尔 • 戈尔曼的情商框架

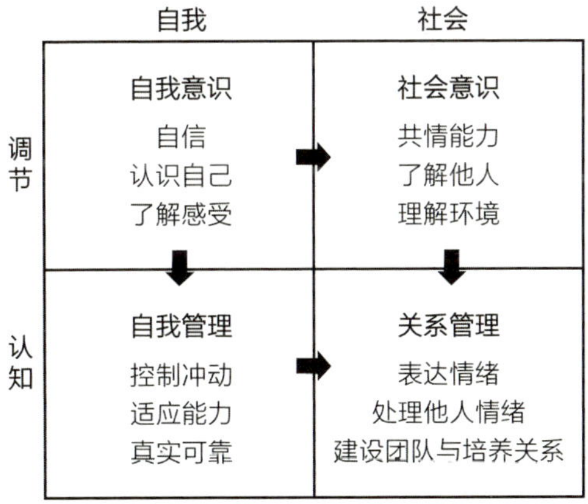

如图所示，这个过程始于情绪出现时我们对自我及情绪的觉察，然后才转向管理我们的情绪，以积极地指导行为。第二阶段是我们在管理与他人的互动之前，正确感知并理解他人的情绪。

第一步，自我意识，依赖于我们识别自己的情绪并客观审视它们的能力。我们很多人都觉得这很难做到，尤其是当我们像轮子上的仓鼠一样不停奔波时。我们似乎永远没有足够的时间停下来关注自己和他人的情绪；或者更准确地说，我们没有给自己时间。

我已经记不清有多少客户告诉我，他们从早上开始工作到下班回家始终处于压力之下。事实上，他们中的大多数人说，即使在关上家门后，也仍然感到压力重重。他们觉得退后一步都是不可能的，更不用说审视自己的情绪了。

这种永远在线的文化的危险在于让情绪占据了主导地位。情绪在掌控我们，而不是相反。我们对事件的本能反应是由脑边缘系统而非新皮层（大脑中理性或思维的部分）决定的。

为了便于理解其后果，就以一个不幸的事件为例，比如你的车在早晨上班前抛锚。刹那间，你会遭受强烈的情绪冲击。你的胃部会出现紧张感，因为迟到已成为不可避免的事实。你的喉咙可能会绷紧，因为你在心里列出了所有原本已经计划好但现在需要推迟甚至完全搁置的事项。

这种焦虑很可能会让你本能地做出反应，你的大脑飞速旋转怎么去上班，而不是优先给车行打电话安排维修（这可能使接下来的一周陷入混乱）。匆忙赶上通勤车，你比预计晚到了一个小时，因此赶紧参加各项会议追赶进度。现在你的紧张程度如此之高，你甚至没有注意到自己对同事有多唐突。一整天，你所有的决定都是以极快的速度做出的，远没有平时的细致审慎。到了这一天结束时，很可能除了冒犯很多同事，让暴躁的情绪感染整个办公室外，你还出了不少差错。

你原本可以怎么去处理呢？

当此类意外事件发生，你立即被身体感受所淹没时，有意识地退后一步，暂停一下。对自己说："好吧，是的，我迟到了，我担心赶不上进度，但我要深呼吸。我要给自己一点时间来决定如何应对这件事，而不是无意识地做出反应。"

想象一下，如果你在那天早晨有意识地停下来，选择如何应对汽车抛锚这件事，情况会大为不同。你不会仓促参加会议，不会对同事不友好，也不会让自己犯错误。你的车也已经在车行里维修了。

当你让大脑边缘系统掌控一切，最终压倒任何逻辑或理性时，你就会冲动行事，做出不一定符合你最佳利益的事情。想想工作被你的大脑边缘系统主宰的时候。当一位资深同事对你大喊大叫或批评你的工作，或者团队里有人嘲笑你时，你的反应如何。你可能会吼回去或走出房间，甚至开始哭泣。这些反应都不合适。

再次反思一下，如果你暂停一下，给自己一点时间加以考虑并做出有意识的回应，结果可能会有所不同。给自己留出反应的时间和空间可能只需要几秒钟，但足以完全改变结果。

本章接下来的内容将介绍一系列的技巧和工具，能帮助你为自己创造这样的空间。这些技能需要练习，并不是立刻或一夜之间就能掌握的。对某些人来说，这个过程可能来得更自然，而有些人一开始甚至可能会觉得有点不舒服。就像学习任何新技能都必须不断尝试一样，你需要努力练习这些技巧。

工具 1　保持专注

当我向合作的团队介绍“正念”这个概念时，通常会遭遇冷嘲热讽。对方略带轻蔑地回应，大致是：“那不就是在黑暗的房间里躺 45 分钟，想些事情吗？”它可以是这样，但不一定非要这样。

正念是以一种开放、不加评判的方式，关注每一种体验。它帮助我们与自己当下的状态产生联结，减轻压力，让我们有空间做出有意识的选择，因为我们在不加评判地观察正在发生的事物。关注当下发生的事情是你需要学习的技巧，它可以帮助你在需要的时候按下暂停键。奥地利神经学家、心理学家及大屠杀幸存者维克多·弗兰克尔（Viktor Frankl）对暂停的重要性做过精辟总结，他说：

> 刺激和反应之间有一个空间。在其中我们有能力选择自己的反应。我们的回应中蕴藏着我们的成长和自由。

连续的研究表明，广泛采用正念练习可以提高员工的业绩表现、心理健康水平和适应能力。英国政府正念全党议会小组进行了一项为期 12 个月的研究，发现接受正念训练的人压力水平降低了 33%，92% 的人报告说他们处理强烈感受和情绪的方式有所改善。丹尼尔·戈尔曼和威斯康星大学麦迪逊分校的神经科学家理查德·戴维森（Richard Davidson）在他们的书《新情商》（*Altered Traits*）中确认了正念的三个已得到证实的好处。它有助于提升专注力和思维的清晰度，获得平静的开放心态，以及提升认知能力。

毫不奇怪，企业界已经开始关注这一点。在许多大型企业，尤其是像苹果、脸书、领英这样的科技公司，参加正念课程已经成为开始一天工作的流行方式。正念的影响正在扩大。就员工关系而言，人们可能不会立即想到一家工程企业会站在进步思想的最前沿，但跨国公司博世（Bosch）会证明你错了。博世利用正念在其领导力项目中培训了 1000 名高管，称这是从控制文化转向信任文化的重要机制。

美国医疗保险公司安泰（Aetna）已经更进一步，对 1.3 万名员工进行正念训练。除了对个人的益处之外，这对公司也有所回报，公司报告称员工压力水平降低了 28%，并且每位员工的年均产值提高了约 3000 美元。

如果你目前还没有进行过正式的正念练习，就从今天开始吧。学习一下如何暂停，不需要在黑暗的房间里待 45 分钟（我不会反对这样做，但包括我在内很少有人有时间或耐心进行这种活动）。通过在一天中分几次练习几分钟正念，你就能获得惊人的效果。

我在我的日程表中预留了一些被称为“氧气时间”的时段。在这段时间里，我会和那些自己之前无暇顾及的人联系，比如同事、家人和朋友；下班后，我会抽出一些时间，到户外呼吸新鲜空气，进行一些反思。这让我在工作和事业之外有了生活的意义和目标感。

> 对我来说，没有所谓的职业生活和私人生活之分。生活就是生活，我们需要与自己保持联结，充分享受生活。
>
> 哈贾尔·哈达维（Hajar El Haddaoui）
>
> 高级总监兼执行董事会成员，日本电信电话有限公司

当你早晨洗澡的时候，不要去想接下来这一天你要做的事情，而是感受当下，享受水从你身上流过的感觉，享受你最喜欢的香皂散发的香味，除此之外不作他想。

或者，用正念的方式步行去上班。花一点时间看看树木，注意季节的变化和照在脸上的阳光。随着一天工作的进行，在 11 点安排一个享受正念式咖啡的小憩，真正品味那杯咖啡，而不是在下一场会议之前匆忙大口喝下它。有意识地每天至少向窗外看一次。

我住在一个美丽的地方，靠近一个山峦环绕的湖泊。即使我住在那里已经超过 20 年了，每当我瞥见那美丽的景色时，依然感到非常快乐。看看窗外的风景并不会花费很长时间，也许只需 60 秒，但我知道自己接下来的几个小时会因此改变。

如果你一开始没有信心，有许多应用程序可以帮助你开始练习正念，如 Headspace、Calm 和 Balance Meditation。将其中一个下载到你的手机上，它会引导你完成一系列练习，训练你更加专注于当下。对一款应用的研究显示，在短短 10 天内，用户的压力水平会降低 14%，易怒程度下降 27%。经过三周的正念练习后，用户对负面反馈的攻击性和反应性降低了 57%，23% 的人表现出更富同情心的行为。

一旦你养成习惯，每种正念体验只需要占用你每天几分钟的时间，但你练习得越多，就越能评估自己以及自身的状态。正念帮助你活在当下，更好地觉察正在发生的事情。它创造了一个专注的时间段，在这段时间里你不会因通常塞满头脑的对未来的种种思考而分心。

工具 2　盘点你的情绪

看看下面的情绪和能量管理坐标。回想你前一天的工作，你认为哪一项最能描述你一天的主要情绪？是恼怒、挫败，还是在平静满足的状态中度过这一天，很感激自己的工作？

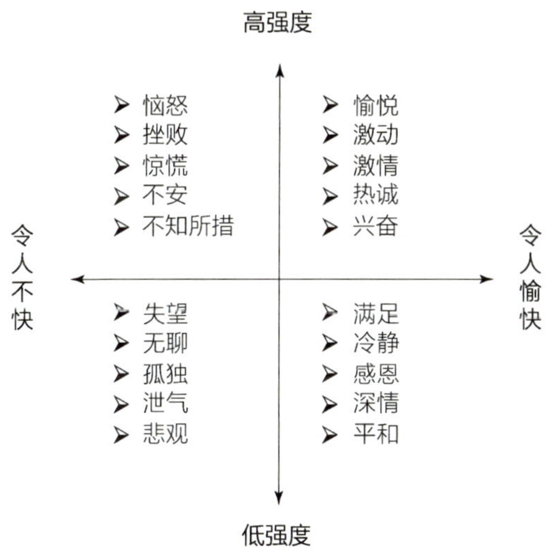

情绪和能量管理坐标

在理想世界中，你在工作日的大部分时间都应该能够体验到坐标右侧的情绪。上方和下方都是令人愉悦、能提供能量的情绪。其中右上方是高强度情绪，右下方是低强度情绪，能够提供能量且带有因果循环之意。

快节奏的生活，体验右上方持续的激情和兴奋的高影响力情绪，听起来很不错，也让人很有动力，但你有时确实需要充电和重新平衡。因此，你需要右下方的一些低强度情绪。这是一个充电和更新的区域，让你有时间进行反思、获得新的视角，成为一位有效的领导者。

坐标的另一边是消耗能量的情绪。左上方的高影响力区域是强烈的、耗尽我们所有能量的情绪，如恐惧和焦虑。这是生存区。虽然这些情绪强度高且能量大，但它们的来源却并不理想。

在典型的情况下，你可能会发现自己到处奔波，试图满足许多人的需求，同时努力应付生活中的其他压力。当然，你可以在这个区域运行一段时间，但如果你长时间太过用力，你可能会进入坐标的左下角，就是倦怠区。在这里你会发现自己感到疲倦，甚至沮丧。经过一段激烈消耗能量储备的时间，你便会步入筋疲力尽的空转阶段。如果你和你的团队发现自己持续处于生存模式，你需要意识到这一点，并运用工具和策略来充电，让自己调整状态，回到坐标的右侧。

在这个学习阶段，当你逐渐意识到自己的情绪时，定期重复评估你在坐标中的位置是非常有用的。在每个工作日结束时，停下来分析一下：你觉得自己这一天在坐标的哪个点？主要在顶部还是底部，在左侧还是右侧?

你可能会发现自己每天在坐标的不同位置，但会显示出一个模式。做这个练习将帮助你评估当前的情况，这样你就可以采取策略管理自己在坐标中的位置，并确保在高强度和低强度情绪之间保持平衡。

工具 3　用心感受你的情绪

你可能从工具 2 中学到的是，在一天结束时厘清你的情绪是很有挑战性的。你可能会意识到这天过得不太好，但不太能确定自己的主导情绪是怎样的。

这种情况并非孤例。大多数人不会花时间来充分评估自己的感受。对我来说，这便是一项需要培养的技能，因为我的大部分生活都在我的头脑中度过——或者如其他人所说，我是一个非常“理智”的人。如果你和我一样，你会经常与自己的身体脱节，甚至没有注意到正在经历的身体感觉。

我们以不同的方式感受情绪。当我生气的时候，我会感到喉咙发紧，一些人可能会感到颈部的压力，或者感到脸上发热。当我悲伤时，我会感到胃里打结，其他人可能变得无精打采或失去食欲。

当我要求你告诉我生气或悲伤的身体症状以及它们对你的影响时，你可能会立即给出答案。如果你觉得这个问题难以回答，你可以做一个有用的练习。这是一种快速的情绪扫描，只需要花几分钟时间就能完成。

闭上眼睛，做几次深呼吸。注意你的脚接触地面的感觉，以及当你的手臂、腿部和背部与椅子接触时的感觉。关注你的呼吸，以及你呼吸时胸部是如何起伏的。

现在，回想一下最近你体验到的不愉快情绪，比如生气。在你的脑海中重温那种情绪，花一点时间关注你在哪里感觉到它。是在你的胸部、胃部还是身体的其他部位？允许自己放大那种感觉，直到它可能变得令你相当不愉快。记住那种感觉，然后将你的思绪转移到一些美好的事物上，并停留一会儿，让不愉快的感觉完全消失。

虽然这个练习并不令人愉快，但它能帮助你感知自己如何体验不同的情绪。尝试对其他消耗能量的情绪做这个练习，如恐惧或悲伤。随着时间的推移，当你做工具 2 中每日情绪和能量管理坐标的复盘时，你会发现识别自己的主导情绪变得更容易。

工具 4　识别并标记你的情绪

当被问起状态如何时，你有多少次只是简单地回答“我很好”，即使实际情况远非如此？这已经成为大多数人的本能反应，很少有人会说出自己并不在最好的状态。作为回应，对方会说“那太好了”，然后大家继续忙碌。

在职场上，“我很好”通常被认为是最合适的回答，在大多数情况下也确实如此。在走廊上擦肩而过的短暂问候并不是诉说心声的好时机，但有时我们确实需要更善于表达感受，即使只是对自己诉说。

与前两个工具一样，这里的目标是让我们更熟悉自己的感受。一旦我们标记情绪，其实就是在关注它们了，随后我们就可以开始理解自己的感受，并更好地减轻某些情绪的影响。标记情绪可以使其成为一个具体的概念，而不仅是作用于我们身体的感觉。

科学研究

当将感受化为语言

2012 年，美国加州大学洛杉矶分校的一组研究人员进行了一项基于人们对蜘蛛恐惧的实验。他们想了解标记我们的情绪是否能显著减轻压力。

一组参与者被要求走到户外，并被告知一个盒子里装着一只毛茸茸的大蜘蛛。他们受邀走向盒子，打开它，把手伸进去摸蜘蛛。

参与者被带回室内后，被分为四组。第一组被要求说出他们的感受。不出所料，这一组的反应大致是这样的："我害怕那只毛茸茸的大的狼蛛。"第二组被鼓励淡化他们的恐惧感，研究者请这一组参与者安慰自己说："那只是盒子里的蜘蛛，它伤害不了我，我不需要害怕。"第三组被要求说一些完全无关的话，比如评论当天的天气。与此同时，第四组没有被要求说任何内容。然后，再次请参与者走到户外并重复这个练习。研究人员询问，他们能走向盒子，把手伸进去触摸蜘蛛吗？

结果如何呢？第一组参与者被要求标记其恐惧感，他们的表现远远超过其他组。他们的手掌出汗明显更少，也走得离蜘蛛更近。他们说出了自己的恐惧，因此能更好地面对自己的恐惧。

就像我们经常难以准确描述自己的感受一样，标记情绪也非易事。部分原因是我们通常不去谈论情绪，除了无处不在的“我很好”。另一个重要原因是，我们需要从大量不同的情绪中进行选择。虽然我们大多数人都能说出恐惧、愤怒、悲伤和快乐这样的主要情绪，但通常到这之后就词穷了。

在下面的表格中，我列出了多种不同的情绪。其中许多都与你所熟悉的主要情绪有着细微的差异。现在，当你检索自己的情绪时，想想这份清单，使用它来帮助你正确地理解自己的感受。你是在生同事的气，还是仅仅感到挫败？你是伤心，还是只是无聊？

情绪清单

害怕	联结感	生气	冷静	羞愧
惊慌	深情	狂怒	宽慰	内疚
担忧	同情	烦恼	希望	尴尬
不安	感激	嫉妒	宁静	卑微
焦虑	热诚	无助	安全	蒙羞
困惑	被爱	激愤	自由	难为情
手忙脚乱	认可	挫败	平静	不自信
神经紧张	富有爱心	不耐烦	清醒	一无是处
不知所措	愉悦感官	急躁易怒	平和	
犹豫不决	关心体贴	愤恨不满	完整	
骄傲	**悲伤**	**快乐**	**敬畏**	**厌恶**
自信	悲痛	愉快	好奇	震惊
能干	孤独	兴奋	感动	怨恨
坚决	失望	喜悦	钦佩	讨厌
强大	无助	狂喜	投入	
勇敢	沮丧	有动力	受鼓舞	
成就感	痛苦	有活力		
荣誉感	空虚	幽默有趣		
受赏识	迷失	无忧无虑		
受尊重	后悔			

与这里所有的工具一样，识别并准确表达你的真实情绪需要一些练习。你可以邀请你的家人或好朋友来帮忙。向他们解释你想要更好地了解自己的情绪，希望进行规律练习来准确描述你当天的感受。也邀请他们使用上述清单中的词语向你分享感受，比如，如果有人告诉你某件事让他们伤心，可以继续提问，请他们将“悲伤”这种情绪描述得更加准确：“清单上还有其他哪些词能更准确地概括你的感受？”

随着不断的练习，你会愈发熟悉各种情绪。一旦你能熟练地识别自己的情绪，下一步就是理解每种情绪背后的原因。因此，你在表达感受时用词越精确，理解它们就会越容易。

工具 5　理解你的情绪

理解情绪始于回答“为什么”的问题。“我为什么会有这种感觉？”这里的目标是理解你一直在仔细觉察并用前面几项工具来表达的感受背后的原因，也就是分析是什么让你产生这样的感受，以及这种情绪背后隐藏的信息。

当我们感受到任何情绪时，它很少是孤立存在的。可能有一系列复杂的事件和记忆导致了此刻的情绪，一种情绪可能会导致或引发另一种情绪。也许需要进行一些深入探究才能弄清到底发生了什么。

但是要做好准备：当你问自己感觉如何时，往往会引出更多的问题。这时候，一些预设问题可以帮助你成为我们之前提到的“情绪侦探”，深入挖掘你的感受背后的真正原因。

你的问题可以包括：

- 刚刚发生了什么?
- 我的身体感觉是怎样的?
- 可能是什么导致了这种感觉?
- 今天早些时候或昨天发生了什么?
- 还有哪些其他诱发因素?
- 为什么是现在?

有时候，你对自己感受的最初猜测可能是错误的。例如，在一次会议中，领导把你单独挑出来批评。不可避免地，这将是一个紧张的时刻，尤其是当领导提高嗓门的时候。

你的第一反应可能是感到羞愧或尴尬，因为整个团队都在场，但实际上可能还有许多潜在的情绪加剧了你的不适。你可能会焦虑，因为知道自己犯了错误或没有做好本职工作。或许这种情况不是第一次发生，你可能担心会被解雇。然而，你最近分心的原因是你觉得在工作中无法充分发挥你的才能，同时也感到无聊和沮丧。

在这种情况下，分析导致这一时刻的所有潜在问题至关重要。真正了解情况需要一些时间，这就是为什么那个暂停下来思考的时刻如此有用。一旦你有了清晰的认识，就能更好地决定下一步该做什么。在这个例子中，与其被批评击垮，不如把时间花在与团队领导一对一地坦诚讨论你的职业发展上。

工具 6　调节你的情绪

到了这个阶段，你会意识到我们都不断地被情绪的洪流所淹没。由于情绪的多样性，我们显然需要至少对其中的一部分情绪进行调节，否则我们的生活会变得杂乱无章。然而，这并不是说我们努力消除那些消耗精力的情绪，让“好”的情绪自由自在。每种情绪都有其存在的时间和场景，在某些时候，都对我们实现目标至关重要。

以愤怒为例，它绝对是高影响、消耗能量的情绪之一。在某些情况下，愤怒可以非常有效，比如当你需要提出强有力的观点、争取许可或坚定地捍卫立场时。在这些情况下，你不应试图去压制自己短暂的激愤。

当然，在其他时候，愤怒可能一点用处都没有，需要平复。如果你学会识别情绪，就能更好地决定何时调动或缓和它们，这就是情绪调节。

调节情绪并不是什么新鲜事物。事实上，每个人在出生后不久就开始本能地调节情绪。婴儿吮吸自己的拇指，这就是情绪调节的经典例子。当婴儿感到焦虑或疲倦时，他们用这种方式来安抚自己。

随着年龄的增长，生活变得更加复杂，我们不能再仅依靠本能来应对，需要学习一些策略来调节我们所遇到的情绪洪流。这些策略可以分为两类：短期调节和长期调节。让我们分别看一看。

短期情绪调节策略

当某个事件引发强烈的情绪反应时，这些策略可以帮助你。可能是会议突然取消，打乱了你的计划，或者是同事或高管说了一些触发你负能量情绪的话语。到这个阶段，你应该已经学会了识别情绪及其影响，并关注自己对当下发生事情的感受。也许当下你还不能完全理解由此产生的强烈情绪，但你知道自己必须做些什么。

调节情绪反应的一个非常有效的方法是采用 STOP 技巧，这是一个四步的心理清单，可以帮助你暂时停下，更恰当地做出反应。当你觉察到自己强烈的情绪反应时：

- 停下你正在做的事情，哪怕只是几秒钟。
- 深呼吸几次，让自己沉浸在当下。呼吸可以帮助你与身体建立联结。
- 观察正在发生的事情。这样做能使你获得空间快速决定如何反应。比如，如果有人批评你，你可以找个借口，说你要去喝杯水。
- 继续行动。你已经做出决定，接下来就是去执行。

另一个有用的短期情绪调节技巧是锚定。在开会的时候，如果有人说了或做了什么让你不愉快的事，那就物理地稳固自己的身体。可以触摸你面前的桌子，或者将脚更稳固地放在地面上，还可以专注于自己的呼吸。每一个这样有意识的动作都将会把你带回到当下，并给你思考如何做出理性应对的空间。

长期情绪调节策略

这些策略对于那些你每天都会遇到的情绪很有用。长期情绪调节策略在很大程度上借鉴了丹麦的 hygge 概念，即学会如何在简单、舒缓的时刻找到舒适和愉悦。将长期情绪调节想象成情绪的 hygge。你在为反复出现的情绪做好准备，然后放松下来。在一天中有意识地留出休息时段，定期给自己安排愉快的暂停时光。

把自己想象成一块情绪海绵可能会有所帮助，一天中随着时间流逝情绪不断累积、膨胀。情绪 hygge 就是在一天结束时挤出所有的情绪。

如何做取决于你。每个人都不一样，所以你需要决定哪种方法对你最有效。对有些人来说，可能是洗个热水澡；有些人可能更喜欢运动或一些创造性的活动；还有些人可能更喜欢说话、发泄或拥抱。此外，还可以进行呼吸练习或冥想。不管是什么，确保是你喜欢的方式就好。

目标是当你去睡觉时，你的情绪已经得到了妥善处理。经历了充满情绪的一天，回到家后却置之不理，真是再糟糕不过了。

如果我们不处理那些困难的情绪会怎样呢？通常，我们会耿耿于怀或压抑情绪，两者都对身心健康不利。耿耿于怀意味着我们沉溺其中，无法去思考其他事情。这件事萦绕在我们的脑海中，我们从各个角度反复思考：她一定知道她的批评会让我难过。但我当时还能采取不同的方式吗？她为什么要那样说？如果不去处理，它可能会成为一种执念。

与之相反，压抑情绪则是将其推开，尽量不去想那些情绪。也许我们感到被剥削或背叛，但我们会觉得最好还是把那些痛苦或怨恨的想法藏起来，压下去。

这两种做法都不利于我们的心理健康。长此以往，都可能导致幸福感降低、悲伤和焦虑感增强。

最后，你可能需要将长期情绪调节练习延伸至一些情绪触发条件。我们都有触发点，这些事件会让我们突然爆发，反应过激。这些触发条件是个人化的，通常与我们过去的某些经历有关，也许是一段痛苦的处境所造成的伤口，或是一种匮乏感。不幸的是，总是有人似乎知道如何准确地按下扳机，然后坐下来欣赏我们发疯。

第一步需要我们成为情绪侦探，了解自己的触发点。什么时候你会莫名其妙地愤怒或变得过分恐惧？了解何时以及为什么会出现这种情况。你可以尝试写两到三周的日记。将日记的每一页分为四个部分：事件、情绪、想法和行为。每天，记录下发生的事情及你对此的情绪反应。你是怎么想的？你又是怎么做的？

这份日记将帮助你意识到自己的触发条件以及哪些情况总是会让你感到不适。然后调动你的情绪 hygge 来为这些事件做好准备，并为其预留时间来放松和调节你的情绪。

这些技巧也并不总是有效。我们都是有时会被强烈的情绪所淹没的普通人，但如果我们养成了在一天中对情绪保持觉察和不时小憩的习惯，这就是长期调节策略的作用，我们也因此能够更好地控制自己的反应。

工具 7　重新审视你的情绪

无论你的情绪 hygge 做得有多好，有时候仅仅注意到你的触发点是不够的。因此，我们需要最后一项工具——调整视角。这是一种退后一步并从不同角度看待问题的能力，类似于本章开头提到的詹姆斯•格罗斯的技巧。

为了理解这一工具如何发挥作用，请考虑以下场景。你在家办公，竭尽全力要赶在今天之内完成一项复杂的工作，而你四岁的孩子正在大肆闹腾。你已经用尽了所有的方法去哄孩子，但都没有奏效。时间一分一秒地逼近任务的最后期限，你已经黔驴技穷。你只差几秒就会对孩子大喊大叫，而且很可能反应过度。

如果你能暂停片刻，重新审视这个情境会怎样？在暂停期间，你会意识到这个小家伙已经整天待在室内，其实前一天也没怎么出去。事实上，他闹腾只是在释放多余的精力，是很健康的。

一旦你换个角度重新审视这一情境，就能更理智地思考。晚上 9 点而非 6 点完成工作任务并不是世界末日。毕竟，无论如何至少要到明天才会有人去查看它。如果你现在给孩子一些关注，晚些时候等他睡觉时你总是可以赶上进度的。突然之间，你对工作被打断的反应变得截然不同。

我们都有自己看待事物的角度，但我们可以训练自己从其他视角看问题。下面的这幅名为“年轻女子，年迈女子”的图片很好地说明了这一点。这幅画是 19 世纪晚期德国的一位匿名插画家创作的。

你在画中看到的是什么？一位年轻女子，还是一位年迈女士？如果你看到的是一位年轻的女子，将视线集中在她的下巴，把它想象成一个大鼻子。再看她的耳朵，将它看作一只眼睛。如果你看到的是位年迈女士，那就看她的鼻子，把它想象成向远方眺望的面庞的左侧脸颊。把她的眼睛看作耳朵，年轻的女子就显现出来了。

改变视角是一项需要做出大量努力才能学会的技能，但如果你发现自己经常被某事触发，那就值得花些时间在这上面。当你考虑到底是什么引发了如此强烈的情绪反应时，你可能会从不同的角度看待它。很可能下次同样的事情发生时，你就不会那么容易被触发，甚至可能最终完全不再被这件事影响。

虽然情绪在你的职业生涯中起着至关重要的作用，但当它们加剧到一定程度，你会失控。通过一些练习，你可以重新掌握主导权，处理、应对情绪，而不是压抑、隐藏或耿耿于怀。首先要确认你的感受，接受所有情绪，然后使用这些技巧调节情绪，偶尔还需要换个角度重新审视它们。

通常，这需要按下暂停键，让自己与强烈的情绪拉开一点距离，这样你就可以找出一种更合理的反应方式。你甚至可能需要物理上远离某个触发条件。随着时间的推移，通过实践和正念练习，你会提高对感觉和经历的觉知，更有效地利用你的情绪。

本章小结

接纳所有的情绪，无论是愉快的还是令人不悦的，并接纳它们的存在，这一点至关重要。本章详述了我们应该如何去接纳情绪，以及我们可以用来更有效地管理情绪的工具。这些工具都需要通过练习来掌握，它们并不是立竿见影的解决方案，但会帮助我们识别并调节情绪，从而让我们在职场和生活中更具幸福感。

第 4 章

管理对变革的恐惧

世界充满不确定性。人类天生害怕变化，我们却不得不面对来自方方面面的新挑战。在撰写本书时，我们正在经历一场严重的经济衰退，我们的生活质量也由此遭受严重影响。世界各国都陷入政治分裂甚至战争之中，这反过来增加了经济的不确定性，并加剧了人们对供应链问题导致未来粮食短缺的担忧。所有这一切发生的同时，我们许多人还认为应该集中精力共同努力解决目前紧迫的环境危机。

职场也面临着多重挑战，每项挑战都或多或少地涉及变革。其中最重要的是对工作保障的担忧，因为技术的发展使许多职位变得多余。同样，在经济衰退时期，组织性变革更为普遍，如合并、收购或企业重组，这必然会影响职场中的每个人。

小规模的变化也可能影响我们的工作设备或日常工作场所。团队可能会重新调整，可能会有新的团队领导。与此同时，每个人都面临着做更多工作、出更多成果和做到最好的压力。难怪我们当中有许多人在这样的压力下屈服了。

无论变化大小，有一点我们可以肯定，那就是会牵涉到情绪。我们的大脑不喜欢变化或任何形式的不确定性和模糊性。我们更倾向于预测和理解世界，当事物看起来稳定和符合预期时，我们会感到舒适和安全。在充满不确定性的时期，我们在第 2 章关于学习的部分中强调的压力和恐惧会增加。当变化来临时，我们不仅会有情绪反应，还会有一种信念，一种关于变化对我们意味着什么的信念。这些信念是我们生活经历、以往经验和个性特质综合作用的结果。换句话说，我们基于所有这些因素来解读变化。

这些信念有时可能会限制我们，使我们变得消极或阻碍我们前进。如果我们能识别这些信念，并加以正确处理，例如在必要时挑战它们，那么我们就能提高自己的积极性，这是我们在面对变革时必须做的重要的情绪工作。

对于那些能够从变革中发现积极因素的人来说，他们可能会感到充满希望，享受对新方向的期待，并相信在未来会创造出更美好的事物。他们甚至会全身心投入到变革中，参与和推动改变的发生。

也有一些人觉得变革让自己非常不舒服。实际上，我认为他们代表着大多数。这些人可能会彻底否认变革这一现实，把头埋在沙子里，表现出怨恨、沮丧和愤怒等情绪。在这种情况下，除非他们理解并可以处理好这些情绪，否则就会对个人健康和职场幸福感产生负面影响。

直面你的恐惧

作为个体，面对变化时，无论是在个人生活还是职业生涯中，我们都可以采取一些策略，让事情变得更容易。关键是学会接纳，甚至欢迎恐惧进入我们的生活。我们需要接受的是，我们无法克服或战胜恐惧，更糟糕的是，我们更无法完全忽视它。

在我的业务中，我见过很多面临工作挑战时挣扎于自身心理健康问题的客户。他们的恐惧源于各种原因。最常见的原因是确信自己将会失去工作，但也有许多其他触发因素，几乎都与真实或想象中潜在的变化有关。在每个案例中，只有学会如何处理恐惧，他们才能有效地应对即将发生的变化。

让我拿一位高管举例，这里称他为鲍勃。在疫情暴发初期，鲍勃负责管理一个 30 人的团队。和许多人一样，他是第一次远程管理团队，而且还要动员和激励那些对自己的处境忧心忡忡的团队成员。鲍勃已然很艰巨的任务，由于工作和家庭的另外两重原因变得更加令人不堪重负。

鲍勃所在的部门确实有可能裁员，因为公司要努力在变化的环境中保持订单稳定。与此同时，鲍勃的妻子怀孕了，属于新冠病毒的高风险人群。

在此之前，鲍勃一直做得很好。至少他给外界留下的印象向来如此，但现在裂痕开始显现。鲍勃经常与同事发生冲突。不对同事发火的时候，他就会变得沉默寡言、孤僻。尽管鲍勃一直以来都表现优秀，但他的工作还是受到了影响。他无法按时完成任务，还经常犯错。

当我开始与鲍勃合作时，他职业倦怠严重，正在休病假。很明显，他觉得谈论自己的情绪是一件很困难的事情，当我要求他表达自己的恐惧时，这对他来说几乎是不可能的。鲍勃很聪明，也是个坚强的领导者。他从小就被教育要勇往直前，不要沉浸在自己的情绪中。起初，他最多只承认自己感到有些孤独，还有失眠的问题。在我的鼓励下，他坦言这可能会影响他的长期健康。

随着合作的深入，我们发现他的健康状况不佳、情绪容易失控和工作中的行为变化都源于长期压抑情绪及忽视恐惧的习惯。在我们的辅导课上，鲍勃能够认识到自己最大的恐惧，并理解其背后的原因。只需要接纳这些恐惧并与它们共处几分钟，他就发现恐惧感减轻了。

随着时间的推移，并经常重复这个过程，鲍勃发现自己的焦虑水平有所下降。在我的鼓励下，他开始写日记，记录触发焦虑的因素。他还与朋友和同事讨论这些问题。通过主动探索自己的恐惧，鲍勃找到了与之共处而不是被其控制的方法。

作为一个长期与恐惧和焦虑斗争的人，我一直对这种情绪背后的原因感兴趣。我们大脑的一部分有时被称为“爬行动物脑”，数百万年来一直负责我们的生存，它发出恐惧的信息，确保我们时刻警惕任何可能伤害我们的东西。爬行动物脑非常顽固，只要我们稍有担心，它就会让我们进入战斗、逃跑或僵住的状态，即使可能并没有任何实际危险。

在工作中，我们会因变化或挑战而产生恐惧反应。我们还会遭受长期的潜在恐惧，如不够优秀，被同事或客户拒绝，或者失败等。如果我们习惯于将恐惧视为负面因素，并试图消除它，或试图通过服用药物来掩盖或减轻恐惧，它就必然会持续困扰我们。即使我们运用逻辑思维，通过大脑的理性思考推理出合乎逻辑的结论，从而推翻恐惧，从长远来看仍无法有效处理恐惧。

不过，有一种方法确实有效。请听我细细道来：这很可能与你的直觉相悖，因为它涉及恐惧所引发的感受。我们都讨厌恐惧所带来的身体症状，比如手心出汗或胸口发紧，但我鼓励人们去接近恐惧，用身体去感受它。你需要承认并接受它，最重要的是倾听恐惧要传达的信息。正如我之前强调的，你需要理解这种情绪的目的。

拥抱恐惧对你来说可能并不容易做到，对很多人来说都是如此。对我而言，最有效的方法就是首先承认恐惧，与之共处一两分钟，甚至感谢它的存在。毕竟，它的存在是有目的的。

直面这种情绪，做上一章中所概述的情绪工作，是应对恐惧而不是排斥它的第一步。在那一刻，承认自己可能没有答案是有帮助的，同时也要意识到，尽管这种感觉令人不快，但它也不会持续太久。对于像我这样不断用结果来衡量自己的高成就感人士来说，这可能很难做到，但我确实感觉压力得到了释放，焦虑感也迅速减轻了。

当你做这个练习时，你会发现情绪会消逝。即使在以后的某个阶段，恐惧再次出现，当你面对不确定性或变化时，这种欢迎和接纳恐惧的经验和做法也具有非常重要的借鉴意义。

利用你的变革曲线

在我们的领导力培训中，我和我的团队向领导者提供了一个工具，我们称之为“变革曲线”，由伊丽莎白·库伯勒－罗斯（Elisabeth Kübler-Ross）开发。你可能对悲伤曲线比较熟悉，它遵循悲伤的五个阶段，从否认、愤怒、讨价还价、抑郁到接受。这条曲线遵循同样的原则，描绘了人们在变化过程中所经历的情绪过山车。具体而言，变革曲线中的阶段包括震惊、否认、挫败、抑郁、试验、决策和最终的整合。

当我使用这条曲线与个人合作时，我会请他们说出认为自己目前处在哪个阶段。他们的情绪反应处于哪个阶段？他们正在经历哪些情绪？这一练习有助于他们认识自己的情绪历程，并更好地理解这是每个人的必经之路。

有趣的是，在整个变革过程中，我们可能同时体验相互冲突的情绪。例如，我们可以为失去的东西而悲伤，同时也因未来的美好前景而喜悦。

领导者可以在重大变革发生时很好地利用这条曲线，与团队成员分享它，帮助他们更好地理解自己的情绪。领导者需要认识到，我们并非都以同样的速度沿着这条曲线前进。在不同的阶段，有些人比其他人需要更多的支持。

最近，公司宣布重组，我的职位不保。这一消息来得很突然，显然在我的团队中引发了焦虑，触发了质疑和恐惧。有些人说，他们感到相当麻木和疲惫。

我承认自己的担忧，但并不想把自己定位为受害者。相反，我想帮助团队和组织顺利过渡到一个新阶段，同时使他们意识到，当下这些情况往往蕴含着一系列机遇，虽然目前尚不明朗。

当我再次与团队会面时，我给了他们一些时间消化我的观点，随后让他们有机会宣泄情绪。团队成员需要表达他们的挫败和恐惧感。

弗雷德里克·范·穆伦（Frederic Van Mullem）

美敦力公司人力资源副总裁

以组织变革为例，变革的过程从根本上说是关于情绪感受的。要帮助团队接受甚至欢迎变革，并全力参与其中，负责实施变革的人员首先要承认情绪是组织变革中必不可少的一部分，并充分理解变革曲线的内涵。

忽视情绪因素很可能会在多个层面损害组织变革的成功实施。这可能会危害团队成员的健康和幸福感，进而影响他们的工作表现。当我们不喜欢变化，并认为变化可能对我们造成潜在伤害时，我们往往会尽可能地抵制变革。

通过了解变革曲线，团队领导者就会认识到，在宣布变革时，团队的工作效率和绩效可能会下降。这时候，团队中的个体会对这一消息感到震惊，并因担忧未知事态而进入战斗、逃跑或僵住的自然模式。如果团队成员处于否认阶段，寻找变革并未真正发生的证据，那么管理者可以通过提供尽可能多的信息来帮助他们。沟通是关键，为团队成员提供一个安全的空间来表达他们的担忧也很重要。

在下一阶段，一些成员会变得愤怒或沮丧，随着现实的沉淀和情绪的浮现，团队中很可能会出现一些责备或互相指责之声。当愤怒逐渐转变为悲伤时，领导者和团队成员需要承认，我们正在失去某些东西。悲伤是接受变革的过程中非常重要的阶段，每个人都需要在感受悲伤之后才能重新沿着曲线向上前行。领导者必须继续倾听团队成员的意见，安抚他们的情绪，给予他们支持，这样团队成员才能满怀信心地继续前进。随着员工重新振作，逐步适应变化，他们仍然需要支持，因为他们的情绪会持续波动，直到一切完全整合完毕。

一个组织机构的情绪文化，以及鼓励或压制情绪表达的方式，对任何变革计划的成功与否都发挥着重要作用。高情商的管理者通过解读他人的情绪，了解他们在变革曲线上所处的位置，来减轻团队的压力和焦虑。这样，他们就能在问题出现之前采取行动管理这些情绪。

这有助于团队中的个人在动荡时期理清自己和他人的情绪。这样，他们就能更好地在变革进程中发挥积极作用，并影响他人的反应，使每个人都能做出贡献。因此，每个人都能变得更有韧性，能更好地调节自己的压力水平。

如果能够让人们与变化同向而行，而不是将变化强加于人，就可以减少在变革过程中产生的焦虑和恐惧。应该征求每个人的意见，让大家都参与进来，而且整个过程要完全透明。这意味着团队领导者不仅要解释这些变化，还必须积极倾听变革中个人的希望、恐惧和需求。这是打破他们可能遇到的任何阻力的关键第一步。

本章小结

在这一章中，我们分析了一种可能时不时会感受到的情绪：恐惧，特别是对变化的恐惧。无论是什么样的变化，或大或小，我们可以确定的是变化一定会涉及情绪。

有些员工能够在变化中找到其积极的因素，充满新的期待，并相信未来会更美好。有些则非常不适应变化，他们可能完全否认变化的现实。除非他们能够理解并处理这些情绪，否则这可能会对员工的健康和幸福感产生负面影响。在变革过程中，领导者可以发挥关键作用，为团队成员提供情绪表达的空间，并鼓励他们与当下的感受建立联结，这些做法能够有效地帮助团队适应变化。

第二部分

做拥有情绪智慧的领导者

第 5 章

以情绪智慧领导团队

员工不是离开糟糕的工作而是离开糟糕的领导者，这句话有些陈词滥调，但不乏道理，而且在当下更是如此。“大辞职”浪潮的明显趋势之一就是员工离开那些不关心他们的企业（和企业领导者），转而加入那些关心员工的企业。

要赢得不断升级的人才争夺战，企业领导者需要具备情绪调节技能和智慧。更具体地说，情绪领导力是让员工建立信任和联结的关键，这些正是我们今天所渴望的。

科学研究

怎样的管理风格能使员工满意度更高?

传统观念认为，领导者需要强硬起来，才能使员工的潜力得到充分发挥。毕竟，成功的领导者往往对自己的团队，高标准严要求，严格监控任何失败和成功，并且常常需要做出艰难的决定。

在这项研究中，领导力专家杰克•曾格（Jack Zenger）和约瑟夫•福克曼（Joseph Folkman）想要了解：作为领导者，强硬是否就够了？员工是否更希望领导者更亲切、更有同理心？他们调查了3.1万名领导者属下的16.1万名员工，找出了那些职业满意度最高的员工。针对这些员工，曾格和福克曼发现：

- 在强硬风格领导者的团队中，有8.9%的员工属于满意度前10%的行列。
- 在亲切风格领导者的团队中，有6.7%的员工属于满意度前10%的行列。
- 在既有强硬又有亲切风格领导者的团队中，有68%的员工属于满意度前10%的行列。

在领导力方面，仅有强硬风格是不够的。要成为一名优秀的领导者，需要充分调动员工的积极性，需要在情感层面上与团队建立联结。建立人际联结是在表明人是宝贵的资产，而不仅是一种资源。

与许多事情一样，疫情使得情感层面的联结愈发重要。当危机几乎在一夜之间袭来时，我们当中有谁不担心害怕、不知所措？在这种情况下，一些领导者（包括政界和企业界领导者）展现出了最优秀的一面，同时也揭示出其他一些领导者的阴暗面。

展现高情商的领导者往往比那些想硬撑或无视对疫情的担忧的领导者更受青睐，因为后者往往在警报解除之前就早早试图让一切恢复正常。具有情绪意识的领导者能够回应他人的感受，愿意体察他人的情绪，并展示出果断和灵活性。

虽然我们希望这次新冠疫情是一次偶然事件，但正如本书讨论的那样，我们仍然面临着各个方面的巨大变化。一些挑战是公共健康危机的直接后果，另一些则是由于正在发生的职场变革。工作节奏越来越快，我们需要掌握新的技术技能，适应新的工作方式，这都是我们需要应对的挑战。

与此同时，哪些工作在未来还会存在，也有着巨大的不确定性。一项研究表明，44% 的职业正在减少。针对 366 种职业的一项分析表明，其中 160 种职业的就业水平正在下降。报告发布时，这些职业在英国的就业人数约为 1000 万，而 15 年前这个数字为 1320 万。目前最受领导者青睐的职业技能是积极倾听、理解和表达能力。

什么是情绪智慧

在这个瞬息万变的世界，各级别领导者都需要具备情商来帮助自己的团队应对所有这些压力和不确定性。忽视焦虑并期望每个人都能继续取得成果是行不通的。领导者需要具备人际沟通能力，才能有效地与团队合作。

以混合办公的趋势为例。那些青睐更灵活工作模式的员工对此赞不绝口，认为其有益身心健康、改善工作与生活的平衡、通过减少通勤来增加收入，当然还能享受与所爱之人共度更多时光的愉悦。事实上，如果取消混合办公政策，有一半的员工会辞职。支持混合办公模式的领导者表示，生产力、员工敬业度和留用率都得到了提高。

这里最大的问题是，组织机构如何与远程工作的员工保持和加强情感联结？即使是喜爱居家办公的员工也承认偶尔会感到孤独和疏离，尤其是独居的员工，他们可能醒着的每个小时都是独自度过的。企业亟须在建立联结方面投入大量精力，这涉及许多情商方面的工作。

高情商职场的成功管理要归功于高情商的领导者。高情商的领导者能够很好地理解员工，能够体察他们的感受并采取相应的行动。这对团队有多重益处，包括：

- 建立信任。高情商的领导者给人的印象是真诚的，他们以真诚的方式运用自己的情绪，因此更能够获得员工的信任。
- 减少对失败的恐惧。与未被领导者以同理心对待的员工相比，受到同理心对待的员工更容易谅解错误，对待失败更加理性，在事情不顺时也更具抗压能力。他们也更可能以同理心对待他人。

- 有益健康。研究表明，与那些由不重视情商的领导者管理的员工相比，富有同理心的管理者领导的员工在身心健康问题上，如头痛、高血压和胃痛等明显更少。

如今，情商不高就无法成为成功的领导者。也许在一段时间内可以勉强为之，但职场挑战不是通过告诉大家坚持下去就能被克服的。面对这些挑战，任何不具备足够高情商的领导者都将束手无策。

科学研究

情绪管理能力与领导力的关系

为了探究是否存在特定的领导力技能，可以将优秀和平庸的管理者区分开来，强生集团对全球358名经理和1400名员工进行了调查。结果显示，表现最好的管理人员的情绪管理能力明显优于绩效较低的同行。

在调查中，表现最优秀的管理者在所有四个情商类别（自我意识、自我管理、社会意识和社交技能）中均得分最高。强生集团随后修改了其领导力标准模型，将针对情绪管理能力的选拔、评估和发展纳入其中。此外，还在企业内部制定并推出了教育计划，帮助所有员工熟悉情绪、社交和人际交往能力的概念。

你是高情商的领导者吗？

我在 HumanForce 公司的工作重点是鼓励团队成员与同事建立情感联结。我经常问我所指导的高管们一个问题："达成目标和关注团队里的人，这两者你们是如何平衡的？"虽然大多数人似乎都认识到他们确实需要给予员工更多关注，但是我通常得到的回答是他们根本没有时间去做这些。

"我知道我应该多和团队成员交流，但我忙得不可开交，四处奔波，需要完成的事情太多了。"这是常见的回答。我的反驳是"建立人际关系正是在高效利用时间"。

有时，领导者对自己情商水平的评价与他人的看法并不一致。几乎无一例外，这种不匹配之所以发生，是因为领导者过于乐观地认为自己的情商很高，并且在工作中充分发挥了"情商"的作用。然而，我们使用的 2.0 情商测试结果似乎推翻了这种信念。该测试包括来自同事、直接下属和管理者的 360 度全方位反馈，他们并不完全同意这种自信的评价。

一般来说，情商较低的人往往会高估自己这方面的能力。情商较高的人则能够对自己与团队建立联结和沟通的能力做出正确评估。然而，即使是那些了解自己在这方面优势的人，通常也会有盲点和需要改进的地方。

有些领导者根本没有意识到高情商的重要性，或者至少没有将其视为优先项。有一个管理者——我们就称他为朱利安吧——就是这种情况，他在技术领域管理着一个庞大的团队。他是个好人，但经常与他的团队成员发生冲突。

他所在公司的人力资源部向我求助，希望找出问题的根源，解决朱利安团队内部无休止的冲突。当朱利安和我第一次交谈时，我就发现很明显他对自己的期望很高，对团队同样寄予厚望。对他来说，业绩就是一切。

问题在于，除了工作他将其他所有因素都排除在外。他几乎从不以非正式的方式与同事交谈。他不会过问同事过得怎么样，也不会询问他们的周末或假期见闻。他对同事的生日一无所知。每天，他只是简单地传达指示，然后在必要时回来检查他们的工作情况。当我问及此事时，他说“私人的事情”与他无关。

他说：“我不需要知道他们周末过得如何，或者他们的生日是哪天。这并不重要。”

朱利安只希望团队能够正常运转，完成他期望他们完成的任务，但这显然并未实现。原因也很简单，没有人想像机器一样工作，而不是作为一个完整的人。团队成员因为被这样对待而感到沮丧。

然而，如果他们相信朱利安关心他们的幸福感，他们就会更愿意接受自己的角色，并专注于努力工作取得成果。如果日常工作中他们被当作个体受到关注，他们也会更愿意接受表扬和批评，并付诸行动。这是激励人们付出努力的最有效方式。

当我向朱利安解释这一点时，他非常惊讶，但最终还是明白了。我们采取了一系列措施，组织了一次与最难以接受朱利安工作方式的一位团队成员的联合辅导课。

这位同事说：“当你在走廊上从我身边走过，却不理睬我的时候，我觉得很沮丧。”这让朱利安恍然大悟，他并不是故意无礼或冒犯。他只是习惯如此。

经过一段时间的努力，这个部门的人际关系得到了改善。可以想象，朱利安最初在与同事们聊天时有些木讷，但通过练习，他能够营造出明显更好的团队氛围。

朱利安的情况并非个例。有很多科学、理性的人一心专注于取得成果，却不明白在努力实现目标的同时，还需要兼顾以人为本。我与另一位客户谈到了如何与她的团队建立更好的关系，她无意中完美地阐述了问题所在。她告诉我，她的首要任务是完成任务和实现目标，因此总结道软技能并不在她的议程之内。

“软技能”这个标签具有误导性，贬低了人际能力的重要性。正如百事公司前总裁约翰·斯卡利（John Sculley）在谈到培训员工建立人际关系和提升沟通技巧的过程时说的那样：“别再叫它软技能了。这些技能其实很难。”

这就是为什么我称它们为“人际能力”。它们是非常关键的领导力技能，帮助我们渡过了疫情的难关，并将支持我们应对未来的变化。它们将使我们有别于技术和人工智能，因为我们人类的感受和情绪尚未被取代。正如斯卡利先生所说，它们并不容易养成，需要勇气，但当我们培养出这些能力时，它们所创造的环境能够让我们在工作中展现最好的自己。

几年前，我的一位同事在迈阿密举办一场女性领导力研讨会，她问我是否可以做一个关于管理情绪和处理冲突的讲座。我回答说，在那个时候我可能是最不适合的人选，因为我刚离婚，正在学习将内心的想法和感受表达出来，而不是把事情闷在心里不去解决。

她说我可能正是谈论这个话题的最佳人选，因为我正在经历一段旅程。她说得完全正确。于是，我决定在一个公共论坛上分享我的经历，因为这有助于人们去正常谈论自己状态不佳的时候。我做了一场40分钟的讲座，讨论了“冒名顶替综合征”的问题。之后，我又推出了系列播客，为其他人谈论他们的不安全感和心理健康状况创造了空间。

当你达到我现在所处的位置时，我觉得人们不是把我看成约翰，而是人才管理全球副总裁约翰·麦卡斯克。他们认为我是处理一切事物游刃有余的副总裁，而不是那个每天醒来就面对一系列不安全感和挑战的约翰。和其他人一样，我也有状态好和状态不好的时候。

不久前，我和一位同事一起喝咖啡，因为我们彼此建立了信任，部分原因是我向她倾诉了自己面临的困境，她坦率地谈到了那天是她父亲去世一周年的日子。我觉得她很感激我能够准确理解她的情绪状态。她完全可以谈论这件事，也本应如此。

如果你不能在工作场所表达这种情绪，你还能在哪里表达呢？这就是我一直在努力创造的职场常态。

约翰·麦卡斯克（John McCusker）

百加得人才管理全球副总裁

如何提高你的情商

培养情商涉及多阶段战略。首先，要致力于团队合作的力量，要充分认识到当人们良好协作时可以取得巨大成就。然后，作为领导者，你需要认真、诚实地审视自己的能力，明确自己的情商水平，从而充分了解自己的领导风格。你认为更需要发展哪方面的技能：人际关系还是工作业绩？

我前面提到的 2.0 情商测试等产品，旨在让你准确了解自己目前对情商的态度，同样重要的是，让你了解他人对其情商的看法。这样的测试可以让人们清楚看到有待改进的地方。如果此刻不能立即进行测试，你可以问自己几个简单的问题。这可以帮助你对自己的情商水平有一个简单却实用的初步认知。

- 你认为自己具备清晰的自我意识吗？
- 你是否愿意分享自己的情绪？
- 你是否定期与团队成员进行一对一的沟通，不仅询问工作进展或成果情况，也询问他们的个人感受？
- 你是否注意到团队成员之间有关系不融洽的现象？

- 如果某件事情进展不顺利，你是否会从情绪角度审视所发生的事情？
- 你的团队是否能够自信地讨论失败和成功的经历？

如果答案大部分是否定的，你就需要在情商方面下功夫了。

为了扩展这一过程并更全面地了解自己，请向自己提出下面的问题，并提供超出“是”或“否”的答案。如果这样做能让你更容易接受，就把这个练习看作与自己进行的一次诚实的对话：

- 你表达情绪的方式是怎样的？
- 你乐于表达哪些情绪？
- 你是否更乐于表达某些情绪？
- 哪种情绪让你最不舒服？
- 当感觉不舒服时，你会掩饰情绪还是耿耿于怀？为什么？
- 你觉得在家里还是在工作中更容易表达情绪？为什么？
- 当你表达情绪时，得到的最常见的回应是什么？

你是否是那种在工作和家庭中表现截然不同的人。有些人一旦担任领导职位，就会刻意避免在工作中表达自己的情绪，担心这会削弱自己的权威。通常，这样的人在家里或与亲密的朋友在一起时会表现出很高的情商，但一踏进职场就会主动压抑这一特质。

他们的理由是，领导者必须时刻保持冷静和镇定，尤其是在危机情况下。他们认为，没有人想要看到自己的领导者把一切想法都展示出来，人们会惊慌失措地说：“哦，救命啊，我们该怎么办？”这样做无法赢得信任。

虽然目睹领导者因恐惧而不知所措会让团队感到担忧，但面对即将到来的灾难，领导者表现得太过镇定自若确实有些不真实。同样，如果负责人对危机避而不谈，假装一切正常，就会显得他们并不真正了解事态的严重性，或者没有认真对待。如果领导者没有真实地展现自己，员工也会看出来。当他人的行为在我们看来是虚假的时候，我们自然能够察觉到。

展现一个完整的人

运用情绪去领导团队，涉及与团队合作的两个方面。其一涉及领导者如何监控和展现自己的情绪，同时考虑到自己的行为会对他人产生怎样的影响。其二是监控周遭的情绪氛围，并解读情绪变化的动态，帮助他人恰当地表达情绪。

首先，我们来探讨领导者应该如何最恰当地处理自身的情绪。在第 3 章中，我们已经了解了情绪的传染性。通常在不知不觉中，情绪会影响我们的整体待人接物，并使周围的人产生连锁反应。情绪在同事间可能引发混乱，但如果团队领导者的情绪波动过大，影响则会进一步放大。

要理解这种情况是如何发生的，请回想一下你受到情绪冲击的某个具体事例。不一定是大事件，也许只是一件让你措手不及的事情。这里你需要记住的是你当时的感受和反应。

为了给你提供一个思路，我来分享一件发生在我身上的事。当时，我正在为 20 位学员进行一次 2 小时的在线培训，一小时后，我宣布休息 5 分钟。通话中的每个人都关掉了摄像头，学员们的面孔消失了。

在这 5 分钟的休息时间里，我迅速查看了我的信息，看到一封非常令人不悦的电子邮件。我完全没有料到这种情况，这让我很难过。显然，我受过训练，能够应对那一刻涌上心头的悲伤、担忧和愤怒，但即便如此，我还是很震惊。我意识到自己心烦意乱，但我必须立刻上线，以专业的方式完成培训课程。

在这种情况下，我不得不暂时搁置自己的感受，稍后再回来处理这个问题。我深呼吸，并使用我们前面介绍过的锚定技巧让自己回到当下，但其实这种情况很容易让我在这一天陷入困境，我可能会把接下来的 1 小时培训完成得很糟糕。

你有类似的一时间状态全无的经历吗？当时你是如何做出反应的？更重要的是，当这种情况发生时，你是如何面对下属或团队成员的？

科学研究

涟漪效应——情绪的传染性及其对群体行为的影响

众所周知，恐慌情绪会迅速蔓延，但其他情绪会多大程度上在群体中“病毒式传播”，并影响人们随后的思想和行动呢？这项研究将大家分成4组，在每组中都安排了同一个演员扮演领导者角色，但他在每组中的表现都不同。在第一组中，他开朗乐观；在第二组中，他温和而冷静；在第三组中，他充满敌意，脾气暴躁；而在第四组中，他则假装郁郁寡欢，情绪低落。

研究者在每组中都观察到明显的情绪反应，这里不仅仅是演员的面部表情、肢体语言和语调。与演员展现积极情绪能量的小组相比，在演员表现出敌意、暴躁或沮丧的小组中，合作更少，且冲突较多；成员对任务的管理也不如其他组。

正如上述研究所示，领导者需要监控自己的情绪表现，因为情绪具有传染性。消耗能量的情绪很容易“感染”给他人。

你有没有关注自己向团队成员展现的形象？在压力大的时候，你是否发现自己肩膀耷拉着、面带愁容地在大楼里走来走去？在心里有事的时候，你是否通常会尽快结束对话，语气匆忙而生硬，一心想着继续处理手头的事情？你是否在会议上双臂交叠，坐在那里不耐烦地抖着脚？

如果以上任何一个例子是你的真实写照，那么请放心，团队会察觉到你的情绪。即使你刻意对同事说些好话，你的行为举止也会让你事倍功半。在不知不觉中，你已经把自己内心的情绪传达得很清楚。

每个人都有情绪。对于任何领导者来说，挑战在于，他们是始终展现未经过滤的情绪，还是先对其进行充满智慧的审视呢？

在工作中，我非常乐意看到眼泪、笑声和喜悦，无论是自己的还是他人的。不过，我也需要意识到自己对团队的影响。如果有太多纯粹的情绪流露，我可能会无意中给其他人带来负担。

作为领导者，你要对自己的意图及其影响负责。在可能的情况下，我会快速"过滤"检查我所表达的情绪不仅是我个人的宣泄和释放，而且也是他人应当接受的合理情绪。

尼恩克·穆尔德（Nienke Mulder）

全球基金首席人力资源官

需要补充的是，这并不是让你隐藏或压抑消耗能量的情绪，以至于无人了解真实的你。作为领导者，你不可能始终保持积极乐观的态度。你需要展现各种情绪，但要注意如何表达焦虑、愤怒或悲伤等耗能的情绪，并以不伤害团队其他成员的方式处理这些情绪。

比方说，如果你需要指出直属下属犯了一个错误，或者让某人知道其所作所为是不对的，需要注意选择合适的空间和时机，绝对不是在愤怒情绪刚刚升起的时候去处理。首先，可以运用正念练习和我们之前所学的调节工具，来缓解那些耗能的情绪。随后，当你在进行这场棘手的谈话时，记得展现出富有同理心的一面。练习得越多，你就越善于处理复杂的情况，也就能够更加自如地表达自己的情绪。

以海伦（化名）为例，她的下级同事习惯在会议上插话或在她全神贯注时打断她，她对此感到十分苦恼。海伦没有任由事态发展到白热化，最终在会议上对他大发雷霆，而是选择了自己认为更合适的时机。她约同事一起喝咖啡，然后告诉他，他的行为让她感到愤怒。

她指出，两人之前相处得很好，但如果这种情况继续下去，势必会对他们的关系产生负面影响。这位同事认真听完后承认，他并没有意识到自己的这种行为。海伦以冷静而尊重的方式处理了问题，她的做法很有帮助，这也说明有些问题可以很容易地得到解决。

敢于展现你的脆弱

领导者不应害怕偶尔在团队成员面前表现出脆弱。脆弱是人与人之间联结的核心纽带。人们并不认为这是软弱或缺乏控制力的表现，相反它是勇敢、诚实和坚韧的表现。

当你展现脆弱时，人们能够与你建立联结。脆弱感让人心安，有助于在作为领导者的你与团队其他成员之间建立真诚的联结，促进更真实的交流。

一个经典且常被引用的例子是发生在1982年的泰诺毒物丑闻。当时，制药商尚未在药瓶顶部设置密封隔离层。一批泰诺药品被人为恶意投毒，导致多人死亡。

在随后的一次电视采访中，强生公司首席执行官比尔·韦尔登（Bill Weldon）不仅谴责了这起投毒事件，还眼含热泪，动情地讲述了这一悲剧。他坦诚地表达自己的悲伤和痛苦，并流下了眼泪，让观众感到这个人是真实的。当他说这样的事情不会再次发生时，公众相信了他，没有放弃强生公司转去寻找其他药品供应商。就连不讲情面的城市分析师也对此感到满意。泰诺的股价在危机初期下跌，后来又大幅上涨。

这个案例说明，作为领导者需要在展示一定程度的脆弱性与保持团队信任和激励之间找到恰当的平衡。换句话说，这是一种有选择的脆弱性。发言人之所以受到尊重，是因为他敞开心扉、分享情感，同时也提出了解决方案。

泰诺事件中的真实感可以在大多数情况下得到复制（尽管眼泪并非总是必要的）。例如，在应对危机时，领导者可以把团队成员召集起来，说："是的，我们正在经历困境，我很担心，但我对你们有信心。我们有能力和技术渡过难关。我认为这里有一个破局的方法。"

这样坚定的表态显示领导者能够掌控局面，应对得当，因此并不会失去团队成员的尊重。他们能够现实地面对自己的情绪反应，但依然保持乐观。没有糖衣炮弹、遮遮掩掩或虚情假意，领导者会更有人情味，同时保持上级的权威。同样重要的是，领导者对团队的充分信任和信心也得到了增强。

那些难以用这种方式表达情绪的领导者，可以运用讲故事的技巧来发展自己的这项能力。他们可以讲述关于自己，或感动过他们的事物或人物的故事。这是一个较为便捷的方式，有助于表达更为难以表达的情绪。如果故事足够引人入胜，它就能很好地帮助领导者更深入地了解自己。

假设领导者需要做出一些艰难的决定并向团队成员传达这些决

定。他们可以结合以往的艰难抉择来解释当下的问题，说明最终的结果是值得的。

例如："让我与你们分享一些事情。在我第一次担任首席执行官时，我面临着一些有趣的挑战。当时我们刚刚经历了一次重大的产品召回，营业额下降了 50%，重要员工纷纷离职……"

当领导者以这种方式分享个人经历时，团队成员会自然而然地对他们所说的内容更感兴趣。

如果我能从一开始就与员工建立情感联结，那会很有帮助。真正认可员工的方式是通过讲故事、公开感谢他们或在个人层面关心他们。

当人们受到情感冲击时，会失去归属感。作为领导者，理解他们每天都面临着个人挑战尤为重要。相比单纯的金钱奖励，这能够更有效地保持员工的工作投入度。金钱奖励可以提高生产力，但考虑到与我们一起工作的人的不同视角，金钱奖励不一定总能提高员工的工作投入度。

迈克·帕克尔

Flutter 公司激励总监

如果你不是天生擅长讲故事，那么你可以通过给家人、朋友或亲近的同事讲故事来练习。可以借助这些机会尝试如何讲述故事并且呈现情感元素。试着用不同的方式讲故事，观察各种变化对听众的影响。还要注重讲述时的语气和肢体语言的使用。

虽然有些领导者天生具备这种能力，但并非所有人一开始就能轻松展现脆弱。正如本书中介绍的许多技巧一样，答案就在实践和练习中。循序渐进，一步一步来。

营造安全的情绪文化

对于任何重视情商问题的领导者来说，营造整个团队的情绪氛围与他们个人在工作中的表现同样重要。他们可能已经掌握了展现情绪的艺术，并在很大程度上保持快乐和积极，但团队的其他成员可能并非如此。

有些人可能会说，领导者不可能一直监控团队的情绪，而且这样做可能会适得其反，不利于发挥真正的领导力。他们的思路是这样的："领导者需要果断和富有行动力。如果他们时刻关注团队的感受，就不会走得太远。"

这就需要保持一种平衡。在某些情况下，如危机时期或项目的关键阶段，领导者可能确实必须专注于采取行动，而不是根据团队的情绪来做决定。然而，在很多情况下，监控团队的情绪氛围都至关重要，事实上，这将为领导者提供团队动力、士气和生产力方面的关键信息。

在办公室里

高情商的领导者会不断感知团队的情绪脉搏。这是识别团队中的个体是否状态不佳或表现出愤怒、悲伤、恐惧及其他耗能情绪的第一步。这有助于领导者意识到团队中某个成员的行为何时发生了变化。也许某个人变得沉默寡言，与同事疏远，不再参加社交活动。也许他们不再休息或度假，或者体重增加或减轻。监测团队的情绪氛围还意味着领导者可以迅速应对潜在的冲突情况，比如两名团队成员不和，或者某个人让所有同事不高兴等。

只要你留心观察，就很容易发现这些警示信号。这需要定期与团队成员交流，就他们对各种事件的看法展开对话。我们很容易想当然地认为每个人都会做出和自己一样的反应，或以完全相同的方式思考问题。其实不然，这就是为什么这些定期的“把脉”如此有用。

在新冠疫情初期，我发现了一个很好的例子。就在疫情暴发之前，一家大型 IT 公司的某个部门在忙着筹备举办一场备受瞩目的国际会议。这类活动通常都要进行数月的策划，投入数千小时的人力。

然而，几乎是一夜之间，世界各国都进入封锁状态，会议被取消了。根本无法确定会议是否还会召开，即使召开，也不知道会是什么时候。自然，整个团队都崩溃了。

部门主管把团队召集到一起，问了他们这个简单却至关重要的问题：“你们感觉怎么样？”他鼓励团队成员说出想法、感受，并且表达了自己对这一重大转折感到多么悲伤和失望。他同样也在一直努力让这次会议取得成功，这个消息对他来说是个沉重打击。

他对突如其来的让整个团队情绪陷入低落的事件迅速做出反应，再加上他的真诚，鼓励每个人都说出自己的感受。这有助于整个团队释放出他们对挫折的反应，所有人都非常感激这位 IT 主管的支持。

在给了大家宣泄的机会后，他接着谈了一些团队仍然可以期待的项目，这也极大地激发了团队的积极性。

在困难时期，类似这样的即兴会议至关重要，因为这样的沟通为团队成员提供了急需的情感支持，让他们知道自己的失望之情能够得到认可。然而，这些会议不应该只在困难时期进行。遗憾的是，经常鼓励员工谈论自己的感受，特别是涉及耗能情绪，这样的组织文化仍然稀缺。

人们存在一种误解，即如果我们讨论愤怒或悲伤，可能会削弱组织中其他人的幸福感，阻碍团队以更理性、更合乎逻辑的方式发展。事实其实恰恰相反。所以，要经常问问团队里的每个人感觉如何。

在混合式团队中

我们必须适应这种混合办公模式，即人们每周在家工作几天。在某些情况下，居家办公有很多优点，它为某些任务的完成提供了更高效的环境。例如，如果一位同事需要撰写一份大型报告，在家工作效果更好，因为家里比较安静，而且没有太多干扰。

不过，办公室也有优点。人们更有可能在一起聊天，建立真正的情感联结。办公室既是工作环境，也是一个可以互动、放松的地方，这让人们感到快乐。

我认为谈判是必须在办公室进行的。如果没有人与人之间的接触，就不可能得到最好的谈判结果。不久前，我见证了一个真实的例子。我们当时在“绿屋会议室”，这是一个谈判各方人员可以进行非正式交谈的休息区。我看到两位来自不同国家的部长在一起小声交谈，就在他们结束谈话之前，一位部长轻轻拍了拍对方的胳膊。两位部长带着各自的代表团离开了会议室，20分钟后他们回来说已经达成协议。在此之前，谈判一度陷入僵局，但这次短暂的私人交谈起到了决定性的作用。

我们需要重视人际互动的价值。一些情感联结在人们同处一室时才更有效。

张向晨

世界贸易组织副总干事

在向混合办公制度转变的过程中，最重要的变化与地理位置无关。这是领导者第一次真正意识到员工是完整的人。

通过屏幕，我们可以看到别人的家庭，瞥见他们的个人生活。我们看到了同事们“人”的一面，而当他们每天只是到办公室上班时，我们从未真正意识到这一点。工作和家庭之间的清晰界限已经不复存在。我们不能再忽视同事作为人的完整性。这意味着团队领导者需要付出更多努力，与团队建立情感联结，了解他们的生活状态。

在基础的层面，这可能意味着对兼顾家庭生活和工作的明显压力更加通融，其实这本来是早就应该做的事情。既然个人生活的安排已经不可忽视，领导者就需要为其提供安全网。在决定员工居家工作的天数或工作时间时，可以考虑权衡员工的育儿责任，而不是完全依照以前刻板的职场规则。对于需要去养老院探望年迈父母的员工也是一样。

领导者需要营造安全感，帮助团队成员更多地谈论他们的个人生活，而不是觉得自己会因此受到评判。为了弥补团队成员之间的物理距离，领导者必须比以前更加有意识甚至刻意地去进行我刚才所描述的“询问”过程。和团队在走廊上偶遇的机会减少了，领导者需要安排时间专门进行非正式的交流。

“询问”式聊天应该让大家聊聊家里发生的事情。所有会议，无论是面谈还是线上，领导者都可以在会议开始时摸一摸在场每个人的情绪脉搏。可以鼓励大家讨论以前禁止在工作时闲聊的话题，比如孩子学校安排方面的挑战或健康问题。

这些“询问”环节的目的是建立联结。以“嗨，大家好”作为在线会议的开场白是可以的，但不应仅限于此。团队领导者可以问：“从 1 到 10，你现在的精力水平如何？”，或者“开会前你在忙些什么呢？”，又或者“今天早上你感到的情绪是什么？”。如果参加会议的团队较为庞大，领导者可以引入一个匿名提交答案的功能。这是了解团队氛围、状态的好办法。

会议结束时，领导者可以向大家发出公开邀请，让大家在线上虚拟咖啡厅里多聊十分钟。同样，这是一个重新创造物理体验的过程，但只有领导者有意为之，才能实现。

会议开始时，我总是要求团队成员举起手，用手指的数量来表示他们今天的感受。这样做的效果很不错。

有一次我开会迟到了，团队成员马上问我为什么没有举手。我不得不告诉他们，我不确定自己当时的感受；这一天的心情时好时坏，所以很难给它一个数字。但我们都意识到这个过程的重要性。

我也总是问："你需要什么支持吗？可以是实际帮助，也可以是情感上的支持。"大多数时候，他们会说不需要，但需要时他们永远有机会说出来，随后我们可以进一步安排单独谈话。

尼恩克·穆尔德（Nienke Mulder）

全球基金首席人力资源官

当然，需要有一些界限。如果领导者到目前为止还没有鼓励团队成员敞开心扉交谈的习惯，那么在引入新制度时，可以询问大家希望如何讨论情绪。什么是可以接受的，什么是不可以接受的？是否需要制定一个团队章程，规定什么可以谈，什么不可以谈？

这样做的目标是让每个人都能正常地谈论情绪，并将工作环境打造成一个情绪安全的场所。情绪安全感是指人们可以向对方和上级表达情绪，而不必担心自己会因此受到训斥或被人看不起，也不必担心这样做会减损同事对自己的尊重。这绝不意味着领导者需要成为一名熟练的咨询师或心理学家。他们只需创造一个空间，让情绪表达成为公司文化的重要组成部分。

团队在制定这些不成文的规则时，最好明确每个人如何以公平、平衡的方式一起工作。例如，在与开着摄像头的 20 个同事开会时，一个人关掉自己的摄像头是可以接受的吗？同样，对在线会议期间查看电子邮件的人有什么规定？当摄像头打开时，他们什么时候开小差一目了然。如果任由这种情况发生而不加评论，就会使领导者在“询问”环节所做的大量工作前功尽弃，因为它破坏了联结和信任。毋庸置疑，如果老板在本应全神贯注地关注团队时却在浏览消息，情况就更糟了。

领导者在与团队成员面对面交流时，需要考虑肢体语言。我们与他人沟通时，很多信息都是通过语言以外的方式传递的。事实上，我们只有 10% 的交流是通过语言传达的；其余的则是通过手势、语调、声音和表情等非语言方式传达，而屏幕会放大这些非语言线索。

领导者必须注意自己在虚拟世界中的形象。如果他们从一个会议匆忙赶到另一个会议，看起来焦头烂额、心不在焉，团队的其他人都会发现这一点。这会造成紧张气氛，影响会议的基调。为了避免这种情况，即使这一天很忙碌，也值得在打开摄像头之前花时间简单反思一下自己的身体和情绪状态。

领导者还需要意识到，有些人适合在家工作，有些人则不然。我天生是个外向型的人，我知道自己很难整天独自坐在电脑前。我需要与人互动，面对面的交流能让我充满活力。

通过我的辅导工作，我发现内向的人一般都喜欢居家办公，并乐于享受独立。领导者需要知道团队中哪些成员是外向型的，哪些是内向型的，并以同理心对待每个群体。与外向的团队成员相比，领导者需要更频繁地与内向者进行沟通，可能需要经常邀请他们到办公室面谈。

如果团队规模较小，领导者可以每周或每月安排一天，让大家那天都在办公室。通过 Slack、WhatsApp 或 Snapchat 等应用程序实行虚拟的“敞开大门”政策也很有帮助，这样外向的团队成员就可以更方便地交流，并在遇到不顺心的事情时说出来。（有关这方面的更多内容，请参阅第 10 章）。

对于内向型员工，作为领导者，你可以提前几天分享会议要点和议程，偶尔在团队会议中鼓励他们多发言。这可以给他们充分的时间和空间来思考想要说的内容。在线会议期间，可以让他们通过聊天功能发表书面意见，这样他们就不用“上台发言”，也不需要向整个团队发表讲话。不要一整天连续不断地开会，这样每个人都会有一点时间来恢复精力。

人们往往会认为混合或远程办公很轻松，因为不再需要每天通勤，但事实未必如此。它可能非常累人。当我们一周五天都在办公室工作时，会形成一种固定的日常节奏。我们在同一时间起床，在同一时间享受咖啡，在同一时间离开办公室。在家工作则完全不同；我们的日程安排没有那么固定，这可能会给人带来情绪上的疲劳。

一项调查显示，80% 的领导者表示，混合办公让员工疲惫不堪。与此同时，20% 的员工表示自己很难从工作中抽身，并为需要一直处于工作状态而困扰。领导者需要帮助团队调整、适应，并采取措施减少压力。之前提到的“询问”过程能让你看到谁在备受困扰。

一旦你建立了安全的情绪空间，团队就会迅速做出积极反应。他们会明显更愿意说出问题并提出新想法。事实上，一项民意调查发现，提高工作场所的情绪安全感可使生产力提升 12%。为了让员工全身心投入工作，领导者需要全情投入，并采取措施鼓励其他人也这样做。

本章小结

在本章中，我们探讨了领导者情商的重要性。“大辞职”浪潮的一个明显趋势是，员工正在离开那些不关心他们的企业（和企业领导者），转而加入那些关心员工幸福感的企业。

在当今时代，情商已成为成功领导者不可或缺的重要素质。员工是人，而不仅仅是受雇完成工作的机器，因此我们都需要努力在职场中将彼此视为完整的人。毕竟，正是情商使我们人类与人工智能有所区别，它的重要性超过一切。

第 6 章

运用共情领导团队

共情的力量是强大的，因为它能中和那些消耗能量的情绪。当一个人感到沮丧、愤怒或不满时，如果另一个人能够倾听其心声，或提供建设性的、有益的解决方案，就会缓和那些可能会压垮人的情绪，为找到合理的解决方案铺平道路。

在所有必备的情商技能中，共情是最关键的，这也是我用整整一章的篇幅来阐述它的原因。这是理解个体行为并与之建立联结的秘诀。企业领导者需要共情力来建立信任。

共情基本上就是能够代入他人的角度并感受他人的情绪。这并不意味着你 100% 同意他们的观点，但你确实理解他们的感受。

科学研究

镜像神经元

关于镜像神经元最重要的发现之一是通过观察猕猴获得的。帕尔马大学（University of Palma）的几位心理学家在一只猴子的大脑中植入电极，记录其神经活动，希望进一步了解大脑如何协调手部的简单动作。

不出所料，他们发现，当猕猴做出特定动作时，有神经元被激活。然而，当猕猴观察到实验人员在同一个房间里吃午餐时，这些神经元也会启动。当研究人员拿起食物并喂给猴子时，同样的神经元也会被激活。这证实了镜像神经元的存在：大脑细胞在猕猴执行某项活动时和他人执行同样活动时都会被激活。

这就是共情的基础。它解释了我们为何能通过镜像感知他人的状态，并在他人高兴、悲伤或沮丧时产生共鸣。比方说，我们看到有人在挣扎或处于痛苦之中，如果在那一刻扫描我们的大脑，负责痛苦的部分就会亮起来。我们天生就具备共情力和同情心。

共情的价值

上一章强调了情商在当今社会如此重要的原因；事实上，它的重要性足以让人们主动更换工作，寻找重视员工情绪的企业。缺乏共情力会加快这一趋势，在各种情境下都会产生重大影响。

根据 Lady Geek 全球共情指数，排名前 10 位的最具共情力公司比排名最后 10 位的公司业绩高出 50%。在另一项研究中，在拥有高共情力上司的员工中，分别有 61% 和 76% 认为自己的创造力水平和敬业度更高，而缺乏共情力的领导者手下的员工这两项指标分别为 13% 和 32%。在员工留任率方面，57% 的白人女性和 62% 的有色人种女性表示，如果她们觉得自己受到了公司的尊重和重视，就不太可能考虑辞职。与此同时，在包容性方面，在拥有高共情力上司的员工中，50% 的人表示其工作场所具有包容性，而在领导者缺乏共情力的员工中，这一比例仅为 17%。毫不奇怪，这些位居共情指数榜首的组织机构也经常出现在最受欢迎雇主的名单上。

千禧一代和 Z 世代是数字时代原住民，他们正在通过“用脚投票”（即离职以表达不满）的方式引领潮流。据预测，这两代人在其职业生涯中将会从事超过 20 份工作；这个数字是上一代人的好几倍，他们可能只在四五家公司工作过。

就像企业不会提供终身就业一样，如今的职场人也不会毫无保留地忠诚于某一家企业。事实上，千禧一代已经习惯于通过换工作来寻找意义。与过去的几代人相比，他们更加灵活，受到的束缚更少，而且更需要他人的共情；这代人谈论自己情绪的意愿是前几代人的三倍。

超过一半的员工离职，是因为他们想寻找与其个人价值观契合度更高的工作。没有意识到这一点的企业将面临员工迅速流失的困境。

无论从哪个角度来看，衡量业务增长、收入还是生产力，共情力都是有价值的。因此，你可以想象领导者会不遗余力地将共情与理解融入其组织机构的方方面面。虽然很多领导者都在这样做，但也有不少企业在这方面表现糟糕。一项针对知名科技公司公开招聘职位中体现的语言模式的分析发现，诸如“世界一流”“快节奏”“积极进取”和“纪律严明”等短语的使用明显增加。与此同时，“灵活性”“共情”和“归属感”等词则逐渐失宠。

各行各业的首席执行官都表示理解共情的重要性，但他们始终高估了自己和所在机构实际的共情力。这一点在调查中得到了证实，一份报告显示，92% 的首席执行官表示其机构具有共情力；员工中有 72% 认为其领导具备共情力，而且这一比例正在下降。在某些情况下，这是因为领导者其实不知道如何做到感同身受。另一项研究表明，在过去 8 年中，共情力下降了 34%～48%。

毫无疑问，我们对技术和机器学习的日益依赖正在使共情力受到威胁。事实上，尽管技术带来民主化的宏伟愿景，但它也加剧了共情力的缺失。早期人脸识别软件的构建尝试，就是一个很好的例子。

编写此类技术代码的硅谷专家往往是年轻的白人和亚裔男性，他们有自己的偏见。这在这些程序的初代版本中就有明显的表现，在肤色和性别方面都表现出明显的偏见。程序识别浅肤色男性的错误率在 1% 以下。对于深肤色女性，某些程序的识别错误率甚至飙升至 34% 以上。

另一个典型例子来自微软公司，说明数据集中很容易导致偏见。2016 年，微软尝试用一款聊天机器人吸引千禧一代，但在产品发布几小时后就翻车了。这一产品的初衷是改进客户服务，用户却向它灌输了大量厌恶女性和种族歧视的言论，人工智能机器学习了，并在不到 48 小时的时间内开始大量重复这些内容。

不难看出，随着企业越来越依赖技术，一个心存偏见的人就更容易造成大范围的破坏。如果一个组织机构中有许多人感到被孤立和排斥，哪怕安排再多的市民大会和互相了解的聊天，也无法真正营造出共情的环境。

几乎可以肯定，技术也助长了导致共情缺失的另一因素：越来越快的工作节奏。每个人都被要求做得更多、更快，尤其是在严峻的后疫情贸易环境中。在新冠疫情期间，一些公司确实设法创造了共情的氛围，但很多情况下这些变化只是暂时的。随着领导者的工作越来越繁重，他们觉得有必要限制面对面的交谈。共情更多地被视为锦上添花，而不是促进企业发展的关键工具。

这里可能还存在着性别鸿沟。批评“有毒的男子气概”和“爹味言论”的标题越来越多，社交媒体也倾向于粗暴地抨击那些被认为存在性别偏见的例子，这些都产生了连锁反应，使得一些男性领导者尽量避免与女性下属交流，生怕说错话。与此同时，一些女性对任何旨在促进公平竞争的企业项目都避而远之，担心参与其中可能会让自己显得软弱无能，或让人觉得她们受到了特殊对待。

尽管这纯粹是一种对外界的感知，我们的行为也可能是下意识的，但这意味着男性和女性都养成了刻意隐藏自己真实的行为、压抑共情以保持和平的习惯。不断猜测他人对我们言行的看法并不是一种健康的状态，绝对弊大于利。尽管共情应该使我们更加团结，帮助我们认识到彼此的优势，以促进合作，但似乎许多机构都远未达到这个目标。

领导具有共情力的团队

当你在团队建设中关注共情时，了解共情的三种类型会有所帮助，这三种类型的强度依次递增：

1. 认知共情：我理解你。（如果我处在他们的位置，我现在会怎么想？）
2. 情感共情：我对你感同身受。（站在他们的立场上，我会觉得……）
3. 富有同情的共情：我理解，我感同身受，我想伸出援手。（我要采取行动。）

时下有许多关于“同情”的讨论，以及领导者应如何努力做到富有同情心。“同情”（compassion）一词来自拉丁语 compati，意思是“共同遭受”。同情意味着领导者不仅看到团队成员的忧虑，而且需要更进一步采取行动，向其提供帮助。

具备共情力的领导者能够做到以下几点：

- 更善于有效决策，决策速度更快。

- 对他人的意见和观点更敏感、更开放。
- 更有好奇心，更善于倾听。
- 更善于与团队沟通和联系。
- 愿意扩大自己的影响力。

共情并不是要全盘认可糟糕的工作表现，也不是对一切都百分之百赞成。其目标是站在他人的立场上，哪怕只是短暂地搁置自己的偏见，从他人的视角理解问题。反之，这也能帮助我们公正、公平地回应他人，而不会因为观点不同就妄下结论或气急败坏。

尽管共情力的积极影响众所周知，但许多企业领导者显然很难真正展现共情。一项研究发现，只有 1/4 的员工认为他们的工作场所有足够的共情；而另一项研究发现，62% 的员工担心领导会由于他们因心理健康状况请假而对其做出负面评价。身居领导职位的人经常担心，如果表现出共情，就会不那么受尊重，其中 70% 承认自己很难在办公室展现共情。

与高估自己的情商一样，不少人认为自己擅长共情，其实并非如此。他们误以为：我是一个善良的人，我一定有共情力的。虽然他们可能的确有善良的想法，但可能并未付诸行动，也没有展现任何与他人的共情。善良与善举之间有着天壤之别。情商测试可以更准确地衡量共情力。

缺乏共情力不仅仅是企业日常运营中的问题，如果在危机情况下忽视共情，将尤为具有破坏性。这时，领导者需要倾听员工的恐惧和担忧，并积极采取行动。

当然，在危机中停下脚步去考虑团队的情绪状态是很难的，因为这正是我们最不愿意表现出同情心和共情力的时候。有太多的事情需要思考，有太多的解决方案需要权衡，但这也是绝不能完全陷入组织工作的关键时刻。我们也需要关注团队整体的状态。

锻炼你的共情力

共情就像仁慈一样，源于家庭。我们的目标是开发大脑中的前额叶，它是我们感知爱与恨、感激与怨憎、自信与尴尬以及共情的部位。就像任何肌肉一样，如果我们经常锻炼岛叶，就会增强它的功能，也就是越来越具有共情力。

好消息是，锻炼你的共情“肌肉”远没有去健身房那么辛苦。你需要简单地善待自己，在对他人怀有同情之前，自我关怀至关重要。

要像对待最好的朋友一样对待自己。这并不意味着宽于律己或自我满足；而是意味着你认可自己的身份和所做的事情。努力对自己周围发生的事情持积极态度，给自己一些赞美，并原谅自己过去犯下的错误。花一些时间在脑海中列出自己的优点和能力，为自己打气。

最后，别忘了时不时奖励自己，做一些自己喜欢并且能体现自我特点的事情。也许是一次按摩、打一场高尔夫球或是静下心来读一本好书，选择权在于你。把自己放在首位，你才能更好地照顾他人。自我关怀能够培养你的韧性。

正念练习是培养共情力的另一个有效工具。一旦你对自己的言谈举止有了更多的觉察，思考一下你在哪些方面没有给自己足够的关怀。对自己关心不够的人也很难对他人怀有同情。

当你有了共情力之后，请环顾一下你所在的组织。反思一下，是否有一些做法和政策看起来缺乏共情力？作为领导者，你能做些什么来改变这种状况？

积极倾听

HumanForce 公司已经开展了一系列关于职场中“倾听”的高级评估，几乎在每一次调查中，我们得到的反馈基本都是：“我的领导没有正确地倾听”或者“我觉得我的领导没有时间倾听我所关心的问题”。如果这种情况在任何组织中出现，就很可能成为全公司的趋势。

积极倾听是培养共情力和同情心文化的主要工具之一。如果我们不去倾听，而对方看到了这一点，或者感觉自己没有被听见，共情就无从谈起。

我们都有过在某个时候没能正确倾听的情况。以下 10 种做法阻碍了积极的倾听，看看你是不是也不小心陷入了其中一两个呢？

1. 读心术。假设自己已经知道对方的所思所感，而不去询问对方。

2. 预演。有时，别人说话时，我们已经在心里预演或计划着接下来自己要说的话。这会让我们错过对方真正想表达的内容。

3. 多任务处理。在对方说话时做其他事情，比如瞥一眼手机上的新消息。

4. 评判。根据自己的信念来评价对方所说的内容。

5. 做白日梦。沉浸在自己的思绪中。

6. 给建议。急于提出建议和解决方案，而不是专心倾听。

7. 低估严重性。说“别担心，一切都会好起来的”或“生活是美好的！”之类的话，试图以积极的方式重构情境。

8. 坚持己见。抵制任何需要我们做出改变的信息。

9. 防御态度。不惜一切代价坚持自己是正确的。

10. 岔开话题。对方说话时，我们联想到自身，就用自己的故事打断对方。

在以上所有情况下，我们其实都没有积极地与对方互动。我们要么是在“内在倾听”，即看着对方，假装在倾听，实际上却专注于自己内心的想法；要么是在“焦点倾听”，即专注于对方所说的话，但没有真正与其互动或感受对方试图传达的情绪。

我们需要训练自己进行“积极倾听”。这是一种全方位的倾听，不仅关注对方说了什么，还要关注其没有说出的内容。换句话说，我们要感受房间里的气氛，关注肢体语言和所有其他关于对方情绪状态的非语言线索。

积极倾听要求我们保持专注，理解他人的言辞，这样我们才能做出回应并获得信息。当我们积极倾听时，我们就建立了信任，表达了共情，并营造出安全的心理环境；被倾听者也会感到自己得到了关心。

积极倾听的第一步是专注，这意味着要进入正确的状态。如果你需要进行一次重要的谈话，却将它安排在两个会议之间匆匆忙忙地完成只会适得其反。相反，应该将谈话安排在一天的开始或结束时段，让你和谈话对象都处于合适的状态。然后，一定要以开放的心态倾听。

第二步是表明你在很好地倾听，并完全理解对方的意思。这里有一个有用的技巧就是重述对方所说的话。

你的回应可以是："如果我听懂了，你是说……"这样的镜像表述说明你认真倾听了对方的话，并消除了对方认为你只是假设自己听懂的顾虑。最后还可以说："我的理解正确吗？"

再次强调，你的回应不仅要通过语言传达，还要考虑语气和面部表情。肢体语言是很关键的，最明显的倾听对方的标志就是点头，要始终面向说话者，不要瞟向别处。

优秀案例

有时，积极倾听意味着接受反馈，即使是令人不悦的反馈，这表明你了解他人的立场。如果没有什么是不能沟通的，就能够创造安全的心理环境。

我们团队中有一位成员，曾经在一次会议上大发雷霆。我们提前给了她一个尚处于开发中的应用程序，因为她之前曾表示希望立刻开始测试。但这个应用还没有准备好，我们本不应该让这种情况发生。她花了40分钟发泄情绪，当她停下来时，我们举起双手承认，她说的完全正确，我们不应该在还没有准备好的时候就把程序交给她。

“我们是优秀的技术人员，但沟通能力太差。”我们说。她得知道我们把她的话听进去了。一周后，我们将准备就绪的程序再次交给她，这时双方的关系已经好了很多。

萨米尔·乔汉（Sameer Chauhan）

联合国国际计算中心主任

对于远程团队而言，积极倾听可能比面对面办公时更难实现，因为太多的线上会议消耗着我们的精力，我们可能会患上屏幕疲劳症。此外，屏幕卡顿等技术问题也会分散我们的注意力，影响我们与他人充分交流。

面对这些挑战，领导者需要付出更多努力来保持团队的共情力。上一章关于混合办公的内容中列举的许多方法在这里也很有用，如保持摄像头开启和注意非语言暗示。

表达共情的另一个有效工具是征求同意。当我们要向对方提供建议或反馈意见时，或者需要与陷于困境的同事进行微妙的对话时，这一点非常有用。直接说“我只是想给你一些反馈”，很可能会让对方直接进入战斗、逃跑或僵住的状态。

（但也有例外：流媒体服务商奈飞（Netflix）鼓励随时反馈，因此反馈已成为他们日常办公生活的一部分。在会议上、走廊里或任何时候，同事们都会当着所有人的面给出反馈意见，这已融入了企业文化，因此避免了随之而来的污名感。）

当有人要说一些批评性的话，或者意外地引发一场微妙而敏感的对话时，我们都会感到焦虑不安。当我们处于防卫状态时，就会变得封闭和不善接受，无法正常接受和处理信息，这种反应会让谈话无法顺利进行。

征得对方的同意可以减轻谈话中的情绪紧张程度。它能让对方感到自己被考虑、被倾听，从而更容易接受你所说的话。

你可以说："我对这件事有些想法，能和你分享一下吗？"，或者"你愿意让我分享一些想法并听听我的理由吗？"或者"我们可以就这个问题谈谈吗？"

开放式问题

随着对话的进行，也要考虑提问的方式。相较于封闭式问题，开放式问题更能让人畅所欲言。像下面这两个封闭式问题，只会得到是或否的简单答案，无法获取太多信息：

- 你感觉还好吗？
- 这个项目完成了吗？

开放式问题则会让人停下来深入思考，进行内省。开放式提问还表明你对对方的回答感兴趣，想要倾听他们的回答。开放性问题通常用"什么""何时"和"怎样"这样的词来提问。

这 5 个简单的问题对于抓住问题的核心极为有效：

1. 你现在的情况如何？
2. 下一步打算怎么做？

3. 为什么这对你很重要？

4. 还有其他什么想说的吗？

5. 你需要什么？

虽然有时听起来会让人不舒服，但每个问题都会引出完整的回答，并表明你对对方的观点很好奇。这些有力的问题是真正有用的辅导工具，但可能会让人不知所措，因此你需要给对方一些时间做出回应。

在提出开放式问题时，注意不要用听起来像是对回答进行预判的措辞。需要避免的引导性问题包括：

- 你为什么还没有……？
- 你为什么总是……？
- 你有没有想过……？
- 你为什么在……上失败了？
- 问题出在哪里？
- 难道你连……都不知道？
- 难道你不同意……吗？

我们的目标是创建一种积极倾听常态化的文化，这会让组织机构更具共情力。微小而重要的转变就能改变职场，我们从未像今天这样需要这种转变。

平衡共情力与问责制

尽管共情的价值和美德至关重要，但员工的首要任务依然是工作。在共情和责任之间需要取得平衡，其实当团队领导者表现出共情时，他们就更容易鼓励员工承担责任。

我最近遇到这样一个例子，一位团队领导者对一名直接下属表示了共情和同情，因为她的狗刚刚去世，允许她在家工作几天。这并不妨碍他在对方回到办公室后，就她没有处理好的工作问题提出一些建设性的反馈意见，但他相信她会积极接受这些反馈，因为他之前表现出了共情。

不过，显然这并不容易平衡。与我交流过的许多企业领导者表示，共情与问责的程度都很难把握。比方说，如果他们过于仁慈和富有同情心，那么团队就可能完成不了分内的任务；另外，如果他们过于关注结果，就会失去团队的支持。

新冠疫情使得对这种平衡的需求变得愈发明显。在疫情困难时期，许多领导者都承受着压力，因为他们觉得自己必须表现出对团队真正的关心。他们的共情力超出了以往，因为许多员工都面临着各种困境和挑战。

现在疫情已经过去，我听到一些企业领导者说，他们感到自己被利用了。现在他们的压力来自必须继续给予员工灵活的工作安排。如果团队成员被告知必须每周在办公室工作 3 天，而不是 2 天，他们就会抱怨，这让领导者很不舒服。

这些领导者想知道界限在哪里？在什么情况下他们需要共情员

工，在什么情况下可以坚定立场？如何让团队负责任地完成工作？

这个情况较为棘手。理解和尊重团队的立场仍然至关重要，但这并不意味着领导者必须始终把仁慈放在第一位，仍然需要做出艰难的决策。

比如说，假设需要裁员。经济形势严峻，无法维持当前员工数量。在疫情之后，领导者难免会想到员工在过去几年中所经历的一切，裁员可能显得尤为艰难，但企业仍然需要正常运转。在这种情况下，团队领导者需要确保裁员程序的公平，并给相关员工提供充分的指导和反馈，帮助他们克服目前面临的障碍。

在不像裁员那么严峻的情况下，要明确界限并确保每个人都清楚自己应该做什么，这非常重要。提出明确的期望能确保每一位员工都知道他们将承担相应责任。他们有机会提出问题，在遇到困难时进行讨论，并与领导者持续对话，但他们也要在每天结束工作时达到某个目标。领导者需要划清界限，明确哪些事项没有商量余地。

在必须做出重要决策时，团队领导者可能需要与自己团队的情绪保持一些距离。他们可以表示自己有同理心，理解其中所涉及的情绪，但也要明确表示自己必须做出决定。这可能意味着退后一步，收集信息，并花时间仔细考虑具体情况。

领导者还需要注意那些态度消极经常抱怨的团队成员，因为他们会消耗整个团队的能量。在这种情况下，领导者可以谨慎地表示，自己已经倾听了这些团队成员的意见，明白他们的观点，但也要礼貌地补充说，没有时间一直去听他们的想法；这就明确了领导者能给每个团队成员多少时间。并不是每个人都会对此感到满意，但领导者需要做出这样的决定，整个团队才能继续向前迈进。

筑起共情屏障

> 学会如何用情绪领导团队很重要，同时也要学会如何识别和接受我们自己的情绪。我们需要意识到有时自己的心理健康状况也会欠佳，并学会如何在工作中处理这种情况。
>
> 这一切都取决于你了解自己、爱自己的程度。我们都是人，需要能够与自己的情绪建立联结。
>
> 鲁本·亚历杭德罗（Rubén Alejandro）
>
> 先正达集团多元化与包容性负责人

正如鲁本所说，领导者不能让自己被团队中每个人的情绪所吞噬。那些身负重任的人必须在自己的内心筑起一道情绪屏障。

这是我作为情绪“教练”学到的一项技能。虽然我需要对与我共事的人表现出极大的共情力，但我会有意识地努力不被他们的情绪所淹没。这意味着一定要给自己留出一些空间。

把每个人的重担都扛在自己肩上是不健康的。你需要从中抽离并设定界限，就是要学会退后一步、客观判断并采取正确的行动。我建议每一位处于领导职位的人都要认识到他人的感受与自己的感受之间的区别，并给自己留出一些不参与他人情绪的时间。

领导者需要注意一些警示信号，这些信号表明他们的共情屏障可能出现了裂缝。一些常见迹象表明过度共情会影响领导者的决断力、士气和工作效果，包括：

- 在做决定时寻求过多意见并拖延不决。
- 因他人表现出的强烈情绪而感到疲惫。
- 回避可能不受欢迎的艰难抉择。

为避免上述情况发生，领导者需要后退一步，花时间审视一下正在发生的事情。他们自己必须清楚，在决策过程中需要团队提供多少意见，以及何时在未与他人达成共识的情况下也必须做出某些决定。学会如何处理团队中的焦虑或消极情绪至关重要，同样重要的是能够设定倾听员工意见的数量和频率的界限。

对于领导者来说，学会如何与他人“感同身受”而不被他们的问题所困扰是一项关键技能。这并不意味着要变得疏离和冷漠，而是在合理参与的同时避免完全沉浸在个别团队成员的问题中。

领导者必须确立自己与他人之间的界限。最终，认识到团队的感受与自身的感受之间的区别将有助于他们建立这种平衡。所有这些都需要时间和实践。

本章小结

在所有的情商技能中，共情力是最关键的。企业领导者需要通过共情来建立联结和信任。

共情力之所以强大，是因为它能中和耗能的情绪。当一个人感到沮丧、愤怒或不满时，如果有人能够倾听他们的心声，这些情绪就会得到缓解，为找到公平的解决方案铺平道路。

第 7 章

如何与员工进行艰难的谈话

我辅导一位客户——我们叫她艾米吧——有一段时间了，在一次课程中，她提到即将与团队中一位表现不佳的员工进行一次艰难的谈话。艾米素来不喜欢与人进行艰难的对话，过去也总是回避这种对话。她一直在努力提高自己的情商，但这对她来说并不容易。

我问她，为这次谈话做了哪些准备？她给了我一个灿烂的微笑，从包里拿出一张折叠好的纸递给我。

这张纸明显被反复折叠过，因为艾米肯定是在上面添加了一些内容，并且读了又读。仔细展开后，我明白了一切。这是一张精心准备的清单，上面列出了艾米与对方之间存在的所有问题。虽然每个要点只有寥寥数语，但轻易就能看出，每一点都针对这位同事的某个缺点；这也是一份相当重要的清单。

“你认为这是最好的方法吗？”我谨慎地说。艾米耸了耸肩。

“我估计这次谈话不会很顺利，”她说，“我想做好准备，所以我把可能需要用来证明我的观点的所有事情都写了下来。”

我不禁反思，艾米好像是在为一场战斗做准备，而不是一次严肃的谈话。虽然艾米细致入微的工作方法很不寻常，但她对眼前任务的担忧却并不罕见。多项研究表明，员工在工作中会回避艰难的谈话。

哈里斯调查公司（Harris Poll）对 600 多名管理人员进行了在线交互式调查，结果显示，69% 的人表示，他们在与团队其他成员沟通时经常感到不自在。当与同事谈论他们的工作表现时，37% 的人表示不习惯给出任何有关工作业绩的直接反馈，尤其是如果他们认为有人可能会对反馈做出负面反应时。

最令人担忧的可能是，没有迹象表明这种情况在得以改善。一家机构在 2009 年进行了一项调查，发现 70% 的员工都在回避艰难的谈话。10 年后，这一机构再次进行此项调查，这一数字丝毫未变。

领导者回避艰难谈话的原因是多方面的。也许他们之前有过这样的经历，由于直接下属断然拒绝反馈意见，导致谈话升级为冲突；另一种可能的极端情况是，他们认为自己的努力丝毫没有使员工的工作表现得到改善。也许，他们有一段糟糕的记忆，谈话对象在他们面前完全崩溃了，因为其无法承受听到的批评。因此，领导者会觉得为了进行艰难的谈话所做的自我建设是在浪费时间。

造成这种不愿行动的因素是情绪，更确切地说，是恐惧、悲伤、羞愧或失望等消耗能量的情绪。由于这些情绪是我们在进行艰难的谈话时所无法避免的，因此我们索性远离这些沟通。

这重要吗？是的，很重要。领导者的职责是发展团队，帮助团队成员发挥出最佳状态。有时，这意味着要对工作表现不佳或有不良行为的员工进行艰难的沟通，否则，领导者的工作就只完成了一半，团队成员无法从错误中吸取教训，也看不到自己可以改进的地方。

最重要的是，员工希望进行这些对话。他们欢迎来自上司、管理者和同事的反馈，这些见解有助于提升他们的能力，促进未来的职业生涯发展，因此备受重视。事实上，民意调查数据显示，得到有意义反馈的员工的工作投入度几乎是未获得反馈员工的四倍。

这里的关键词是“有意义”，在每年一次的绩效考核这一相对安全的环境中进行反馈是没有意义的。事实上，这种评估审查往往弊大于利，管理者罗列团队成员的不足之处，其效果不过是给员工浇冷水。更糟糕的是，年度考核往往与工资考核挂钩，因此员工几乎听不进团队领导所说的话，一心想着自己一年的业绩是否有资格加薪。

有意义的反馈还必须具有持续性，应该成为每天和每周例行工作的一部分。有些公司会定期举办“周五反馈”等活动，将其融入公司文化。这听起来可能有些像是噱头，却非常有效。或者，团队领导者也可以在每个项目结束时留出时间，让整个团队评价自己的表现，也让每个人都能对自己的表现发表看法，这可以被看作团队的内置反馈章程。

当反馈像这样简单而普遍时，每个人在会议结束后都会感到充满活力，知道要改进什么以及如何改进。这包括困难的事情。有意义的反馈成为学习文化的一部分，当反馈变得像这样易如反掌和司空见惯时，每个人都可以在沟通结束后感到能量满满，知道应该如何进行改进，艰难的部分也自然涵盖在其中了。有意义的反馈成为学习文化的一部分，有助于每个人的发展。它还能：

- 营造信任和开放的文化。
- 鼓励员工从错误中吸取教训，提高自身能力，从而调动员工的积极性。
- 确保沟通渠道畅通。
- 通过调整实时工作表现保持团队活力和灵活性，确保项目进展顺利。
- 激励员工留任——以目标为导向的工作场所会优先考虑员工的发展，从而激发其工作热情。

所有这些都应该是自上而下的，领导者在营造持续反馈的文化方面发挥着关键作用。但要将其落到实处并不容易，因为难免会有令对方不那么愉快的反馈。由于难以找到合适的时机，人们很容易陷入拖延所有反馈的陷阱。

解决这个问题的关键在于，领导者要学会如何以一种能产生积极结果的方式来处理艰难的谈话，这样他们自己和谈话对象都能不那么痛苦，也有助于形成能够定期有效交流正面和负面反馈的氛围。

我的团队中有一位女性，她的业绩很突出。她开始兼职学习正骨疗法，并悄悄告诉了我。当时，我还不是CEO，所以她放心地告诉了我。

当我晋升为CEO时，她感到不安。我们坐下来谈了谈，我说：“没任何变化。”我只是想给她提供支持，让她既能做好本职工作，又能兼顾学业。

过了一段时间，她又来找我谈话。作为学位课程的一部分，她需要每周在骨科诊所工作一天。她承认，这次谈话让她非常紧张。

我首先回应道：“你感觉怎么样？要开始骨科执业了，你一定很激动。”这是具有情绪智慧的开场白。

当我们详细讨论具体安排时，她提出每天多工作一个小时左右，以补足工作时间。但这似乎不是最好的方案，因为她会因此很疲惫。我建议她将每周工作时间正式减少到4天，并将工资降低20%。我们还讨论了这对她的家庭收入和个人的影响。

谈话结束时，因为我采取了这种带有情感温度的方式，她明显变得从容多了，并意识到自己有选择的余地。

萨佳·日奈

加拿大加密化货币交易所Catalyx首席增长官

情感领导力就是要敞开心扉，帮助他人了解我们每个人都有选择，通过一些创造性的思考，总会有办法解决问题的。这对我也很有益，因为我表现出我关心她以及对她来说重要的事情，作为回应，她也向我表明会专注于做好本职工作。虽然她和团队在一起的时间少了一些，但她的创新力和工作效率却大大提高了。

准备工作

为艰难的谈话做好准备和计划是关键，但需要的是恰当的准备和计划。我们回到艾米和她的清单，她的方法之所以完全错了，有多种原因。计划固然重要，但这样写脚本是行不通的。

重要的是要考虑自己以及谈话对象在当天可能会有怎样的感受和反应。这份精心写就的清单告诉我，艾米并没有花时间去思考这次谈话可能涉及的情绪问题。例如，她的直接下属可能会有什么感受？同样重要的是，艾米当天会有怎样的感受？

让我们先来看看，如果你处于必须发起并引导一场艰难谈话的位置，你可能会有什么样的感受。你需要控制自己，因为这在情感上会很棘手，需要改变心态。

任何像艾米一样，一开始就做好了战斗准备的人，会发现自己很难在谈话中控制情绪。无论谈话走向如何，他们几乎都不可能保持理性和清醒的头脑。如果召集会议的人面红耳赤，或难以清晰表述观点，或看起来显然有压力，那么谈话的另一方会注意到这一点，并同样受到压力影响。在这种情况下，双方都不太可能得到他们想要的结果。

预测可能出现的情绪，充分了解自己对当下情况的感受以及谈话的意图，有助于我们在讨论过程中保持头脑清醒。事先花一些时间思考对方的感受以及他们的出发点，也能确保我们以正确的方式开展讨论。作为领导者，我们必须考虑自己可能的反应，以及自己潜在的触发点。

比如，我知道，如果我的谈话对象表现得咄咄逼人，并且直言不讳，那么我会倾向于以同样的方式做出回应，有时会爆发式地反击；而其他人在类似的情况下可能会沉默和退缩。了解自己的弱点，并练习在谈话中展现自己想要呈现的形象，会使你有所准备。

情绪自控在压力较大的情况下可能尤其难以实现，因此我们之前谈到的许多自我管理技巧在这里也非常有用。

在谈话之前将强烈的情绪释放可能是个好主意。我有时会鼓励客户在进行艰难的谈话之前，与信任的朋友或同事倾诉甚至发泄自己的情绪。在安全的空间发泄情绪是释放紧张并为重要谈话做好准备的有力工具。

做一些呼吸练习，让自己提前进入状态。尽快掌握一些控制愤怒情绪的方法，如锚定。如果在谈话期间感觉到自己情绪上升，就可以轻松地运用这些自我控制技巧，以免任何不舒服的想法使你的情绪失控。

做好在谈话中适时暂停的准备。你越冷静、越专注，就越容易处理好艰难的谈话。

那么，谈话的另一方呢？大多数人都不喜欢被告知他们失败了或犯了错误，但有一些方法可以让对方更容易接受。非暴力沟通（NVC）技巧在这里特别有用，使用强调观察而不带个人价值判断的措辞。

例如，与其说“我说话的时候，你经常不听”，不如试着说“今天开会的时候，我注意到你在玩手机”。毕竟，这种表达只涉及他们的工作表现，无关其他。

同样，在艰难的谈话中，绝不要使用类似“我很失望”或“说这些让我很痛苦”的表述。这样的措辞只会增强谈话中的情绪。

在计划会面时，要尽量了解谈话对象的相关信息。不同的人接受反馈的喜好也不尽相同，对某些人有效的方式对其他人并不适用。花一些时间提前与团队讨论他们喜欢以何种方式接受反馈是个好主意。

这并不需要大费周章。请记住，每个人都希望得到反馈，所以只需提出这个问题：“如果我需要给你一些建设性的反馈，怎样的方式对你最有帮助？你喜欢直接进入主题，还是需要一些时间准备？”

你很可能会发现，有些人喜欢提前得知将要进行一场艰难的谈话，这样他们就可以做好心理准备。在这种情况下，提前一天左右发邮件可能会有帮助，比如，“贾斯汀，我想跟你谈谈你的工作表现。明天我们能聊聊吗？”对其他人，只要说，“你有 5 分钟时间吗？我想和你聊聊。”这里的重点是尊重团队中不同个体的差异。

没有人能够轻易接受令人不快的反馈。了解团队中每个成员的喜好，是我们在培养情商的过程中学到的内容，这归根结底是与团队成员建立联结和维系人际关系的持续性过程。这样，需要进行反馈谈话时，你就会知道该如何处理。

显然，如果团队中来了新人，而你还来不及好好了解他们，那么反馈就不是你能够准备的事情了。但在理想情况下，团队中的资深成员会从容地接受反馈。

最后，在会面之前，要明确你想要实现什么目标。同时，你也应该准备好随机应变，以让讨论顺畅进行。

开始谈话

艰难谈话的日子到了，但并不是非要如此，因为带着“需要完成艰难的任务”这样的心态，会产生极其负面的暗示，让一切开局不利。反之，想想你即将进行一次有建设性的谈话，这样就能立即让一切努力有个好的开始。

仔细考虑时间的选择。将反馈谈话安排在会议之间的短暂间隙绝不是一个好主意。在这个过程中，双方都需要时间和空间来处理不可避免会出现的情绪。毕竟，我们的目标是让双方都感到放松，这样的谈话才有意义。

同样，也要避免把谈话安排在周五下班前。这样，对方将在整个周末反复思考对话中令人不舒服的地方。最好在一周开始时进行这些谈话，这样对方就有时间充分消化谈话内容，还可以进行进一步的讨论。

选择合适的谈话地点对增进谈话效果也有一定的作用。举例来说，如果谈话对象最近压力较大，那么最好在办公室外会面，甚至可以边散步边聊。会议室并不是最适合私人谈话的环境。如果要在办公室进行谈话，那么可以选择一个安静不会被打扰的地方。

无论你准备得多么充分，发起对话总是让人有点紧张。解决这个问题的最有效方法之一就是征求对方的同意。你可以说：“我可以和你分享一些反馈吗？”或“我可以告诉你我对你上周汇报的一些想法吗？”或“如果我给你一些建议，你觉得可以吗？”

征求同意能鼓励人们敞开心扉。此外，向他们保证谈话中的一切内容都会保密也是很好的方法。保持语气中立，继续解释这次谈话的起因。同时在等待对方回应的过程中，要保持开放的心态。也许你误解了团队成员的意图或者反应过度，如果是这种情况，那么问题可能比你预想的更容易解决。

如果你做好了前面的基础工作，员工应该会就讨论的问题畅所欲言。使用上一章中所详述的积极倾听技巧，表明你对对方所说的内容感兴趣，并希望理解对方的观点。共情也很重要，所以要向对方表明你重视他们的感受，也理解这是一个微妙的过程。

在这种情况下，虽然同情和共情是关键技能，但也要警惕过度同情。承认你们双方所说的话都可能会让对方难以接受，但不要过度回应，如“我很为你难过”或“我知道这对你来说真的很难”。既要承认这是一次艰难的对话，又要承认这些话必须说出来，这两者之间需要取得平衡。一旦你用甜言蜜语加以搪塞，就模糊了谈话的真正目的。

任何一次反馈谈话的成功都取决于领导者是否全身心地参与其中，不急于求成。如果你能避免工作节奏过于紧张，那么你和对方都有空间来控制自己的情绪，并充分理解、消化对方所说的话。作为领导者，这样你可以确保对方理解了谈话的要点，并且这也是真正共情的体现。

不要害怕沉默。你必须给对方足够的时间，使其对你所讲的内容做出充分的回应。如果对方明显难以或似乎无法表达自己的感受，就要鼓励他们暂停谈话，休息一下。这时，你可以向对方表示，你知道这是一次艰难的谈话，这能够给对方带来安慰。

如果在谈话过程中，情绪水平开始明显上升，请暂停对话。当谈话双方都冷静下来后，可以随时再次进行谈话。在这种谈话中，如果触发战斗、逃跑或僵住反应，即大脑的情绪部分劫持了理性部分，会变得更加激动，这会同时影响到谈话双方。因此，如果你觉得有必要，就暂停一下，喝杯咖啡或去趟洗手间可能就足够了。

谈话结束时，可以邀请对方进行头脑风暴，提出可能的解决方案。这样做效果很好，因为它可以为对方赋能，让他们开始思考自己能做些什么来改变现状。这也是领导者为团队成员提供指导并帮助他们发展的好机会。

谈话结束时，感谢对方的参与，询问他们对刚才谈话的感受，并邀请他们补充任何想要交流的内容。在这里，你就找到了平衡点，既明确地表达需要说的话，确保对方理解，同时也询问和了解了对方的感受。这意味着要时刻关注谈话中的情绪。

如果以这种方式进行反馈谈话，艰难的谈话就能具有积极的力量。当领导者能够提供非常有价值的反馈建议，并让团队感受到被关怀时，就能建立信任，加强与同事的联结。

一旦在你的团队中建立起反馈文化，即使谈话涉及敏感、微妙的反馈，团队成员也会知道自己会被倾听。这反过来将有助于他们在未来更愿意敞开心扉。当然，他们也可能选择不坦诚，你无法强迫他人倾诉，但通过努力创造安全的情绪空间，可以让情况大为改观。

与遭受慢性压力者谈话

在 HumanForce 公司中，我们建立了一个工作坊，帮助客户专注于与团队中可能正在遭受慢性压力的成员进行对话。主要内容是与团队中可能患有慢性压力症的成员进行对话。工作坊启动伊始，我们描述了一个在当今任何工作场所都可能出现的情境。

这一情境中的主人公奥利一直以来都是团队中的业绩明星，但近来情况发生了变化。团队领导米歇尔（化名）注意到，奥利完成工作任务变得有些拖延，而且还会出现一些错误。目前，这些错误都是些小问题，但确实越来越多了。

还有传言说，奥利上周对他的助理大喊大叫。当被问及此事时，助理说没什么，但米歇尔怀疑他们是出于忠诚在为奥利打掩护。毕竟他们已经共事 10 年了。

现在米歇尔开始认真思考这个问题，她意识到一直是团队中灵魂人物的奥利已经不再和同事们一起出去吃午饭了，也已经好几个月没有组织过他非常喜欢的保龄球之夜等社交活动了。此外，奥利看起来非常疲惫。

这些行为中的每一项都表明，奥利的状态很不好，可能正在受到慢性压力的折磨，甚至已经接近职业倦怠。自然地，米歇尔很担心奥利，并怀疑团队中的其他成员也发现很难与奥利合作，但像他的助手一样，他们出于长期的忠诚并未说出心里话。

米歇尔知道她需要与奥利进行一次谈话，而且谈话主题可能很敏感。在工作坊中，我们问大家，如果你是米歇尔，你会怎么做？

“请设身处地地站在米歇尔的角度，告诉我们你会如何处理这个问题。”我们说道。主流回答是找人力资源（HR）部门。

“这是人力资源的问题，”工作坊参与者说道，“人力资源部的人需要介入，因为奥利可能会做出不好的反应。”

这完全是错误的做法。奥利是米歇尔团队中的一员，关心他、了解他的情况是她的职责。没有必要一开始就让人力资源部门直接介入，除非米歇尔和奥利之间出现问题并导致关系紧张。

如果忽略了团队成员之间进行敏感对话的需求，或将其转交给其他人处理，那么整个工作环境就会迅速恶化，因为会有太多事情被憋在心里无法得到沟通。那些承受压力或濒临崩溃的员工所处的困境会被忽视，使他们的个人状况愈发糟糕，这也将不可避免地影响到整个团队。

在与可能有慢性压力问题的人谈话时，上一节中讨论的许多技巧也同样适用。比如，谈话不能操之过急，要留出准备时间，并选择适当的中立空间进行谈话。措辞也很关键，在探究问题前要征求对方的同意，避免过于个人化或批评性的言辞。

不过，还是有一些方法尤其适用于此种情境。由于这很可能是一次充满压力的谈话，简要认可对方的价值和对团队的贡献是非常有用的，会让对方感到安全。在我们的例子中，只要米歇尔说类似“奥利，你是团队中很受重视的一员，但我看到你在挣扎”的话时，他会立刻感觉更好一些，也更愿意进行坦诚的对话。

如果员工表达了对混乱的工作 / 生活平衡的沮丧，你可以通过展现一点脆弱性来表示理解，“我也一直在努力兼顾。在家庭和工作之间找到平衡是很难的”。这样的脆弱性可以帮助人们敞开心扉，但就像同情心一样，不要过度。

最重要的是，不要急于试图解决对方提出的任何问题；尽管你做了精心的计划，但这样做会在你开始对话的几秒钟内让一切偏离正轨。几乎每个处于领导位置的人都曾经掉入这个陷阱；我对此深有体会，因为几乎每次在 HumanForce 工作坊的慢性压力情境辅导中都会发生这种情况。在我们模拟的情境中，处于领导位置的人会立刻介入，试图解决问题，瞬间使谈话的目的失焦。

这很容易发生，而且读到这里，你甚至会意识到自己也会做出这样的回应。有人说他们感到压力过大不堪重负，或者这样那样的事情进展不顺利，我们就会急于提出解决方案。我们会说：“哦，我可以从你的工作安排中剔除这项任务，让你有更多时间”，或者“我可以让另一个团队接手这个项目”，或者“你为什么不休息几天呢？”。

试图帮助处境困难的人是值得称赞的，但当我们急于进入解决问题模式时，其实意味着我们没有真正倾听。如果我们不倾听事情的来龙去脉，就无法正确理解发生了什么，也就无法找到最佳的解决方法。

如果你意识到自己总是急于去解决问题，请有意识地后退一步。提醒自己，你的目的是倾听和了解。不要急于提出解决问题的想法，而是通过提出开放式问题，引导对方进一步深入讨论。使用我们已经介绍过的技巧，如有力的提问、暂停、倾听、安慰和认可等，时刻关注对方谈话的状态。

在谈话结束时，你或许可以提供帮助或建议解决方案，但这不应是此类谈话的重点。影响这名员工的原因可能数不胜数。在这里，你要做的是倾听并了解发生了什么；在这里，你要成为一名“情绪侦探”，找出造成压力的原因，并了解压力对他们的影响有多大。会不会有什么你不知道的事情？是否情况比你想象的还要糟糕？他们是否已接近职业倦怠？这些都是团队领导者需要了解的。

领导者并不总是需要提出解决方案。有时，他们只需要倾听就足够了。当双方都有时间好好消化最初的谈话内容时，解决方案可以是日后另一次谈话的主题。

在奥利的例子中，最终可能确实需要人力资源部门介入，但最重要的是，沟通是由团队领导者发起的，这将在形成必要的解决方案时起到不可估量的作用。不要试图提供立竿见影的解决办法，而要帮助对方看到总有办法可以应对问题，强调问题是可以解决的，而你们两个可以共同努力向前迈进。

处理矛盾

工作中发生冲突很正常。无论你领导哪种类型的公司、处于哪个行业，同事之间发生一些冲突都是不可避免的。尤其是如今，多元文化团队在办公室和混合办公等各类环境中工作，常常导致误解或沟通失效。同样，在瞬息万变的世界里，不确定性也会加剧冲突。

冲突可能发生在组织的各个层面，无论是两个团队成员之间就如何完成一项任务发生的冲突，还是董事之间因目标和价值观分歧发生的冲突。领导不力和权责不明也是冲突的导火索。

在新冠疫情期间，我注意到与我共事的工作团队所面临的冲突比疫情前要多得多，压力是一个重要的触发因素。然而，许多相关人员不愿承认这一点。人们对冲突讳莫如深，如果要讨论，往往很快就不得不转交人力资源部门处理。

“解决冲突不是人力资源部的职责吗？”人们会问，“这不是每个人都需要处理的事情。”事实恰恰相反，职场冲突是我们每个人都需要面对和处理的事情，冲突是我们日常工作的必要组成部分。如果领导者学会如何处理冲突，就能在人力团队中建立牢固的纽带。妥善处理冲突还有助于充分发挥多元文化团队的优势。虽然任何形式的冲突都会让人感到不自在，但它也可能是创造和创新的契机。

如果冲突得到有效处理，它可以成为变革的强大动力；如果处理不当，就会扰乱项目进程，破坏内部和外部关系，并影响工作效率。如果某件事让我们情绪激烈，这无疑表明哪里出了问题，或者我们深信不疑的东西受到了威胁，又或者我们的底线受到了侵犯；这些情形都会引发强烈的情绪。冲突中涉及的主要情绪是愤怒、焦虑和恐惧，这些都是耗能的情绪，这也许就是许多领导者回避处理冲突的原因，即使冲突已经持续了一段时间。他们可能更愿意远离纷争，害怕面对处理不愉快的情绪时可能发生的情况。正因为如此，他们会错失解决冲突的机会。

要成功解决冲突需要领导者预见可能爆发的情况，而不是忽视它们或将其搁置一边。如果不加以控制或以平庸的方式处理，强烈的情绪将在表面下不断酝酿和激化，直到最终以灾难性的方式爆发。

冲突有不同的阶段，从因某人的言行而轻微恼怒，到濒临暴怒的边缘，每个阶段都会触发一系列情绪。即使在最轻微的冲突阶段，恐惧情绪也起着重要的作用，可能成为解决问题的障碍。

这里发挥作用的另一种情绪可能是焦虑，担心处理冲突会对同事关系造成长期伤害，甚至可能损害自己的声誉；担心自己可能会让事情变得更糟，甚至加剧冲突。另外，正如领导力专家安妮·麦基（Annie McKee）所言，冲突让我们感到担忧和紧张，因为我们意识到将不得不放弃一些东西，可能是自己真正的观点或是习惯的做事方式，甚至是我们的一些权力。

值得注意的是，这表明冲突很少与实际发生的事情有关，而更多的是关于人们对事件附加的意义。团队领导者需要从这个角度看待冲突，并向周围的人表明，他们的意见得到了倾听，他们所说的话和利益有人关心。

如果确实发生冲突，最好尽早组织冲突涉及的同事进行讨论，以解决问题。领导者应事先做好充分准备，预见可能出现的情绪，确保双方以正确的方式进行对话。情商在这里起着关键作用，因为了解每个相关团队成员的动机至关重要。领导者的理解有助于他们处理一部分焦虑情绪，进而塑造他们参与对话的方式、态度。

例如，正如我之前提到的，当我面对一个咄咄逼人的谈话对象时，我的自然反应是回以同样的攻击性，但这并不合适。有些人在这种情况下会保持沉默，此时可能需要引导他们完成对话。

作为领导者，你也需要停下来检查一下自己是否处于正确的情绪状态。现在是谈话的恰当时机吗？还是你需要先散散步或静下心来？如果你没有觉察到这一点，你自己的情绪就会在艰难的谈话中流露出来。

在所有情况下，处于冲突中的团队成员都会对即将到来的谈话感到紧张。制定相应的交流程序，让所有的问题都能得到表达，让每个人都明确自己的角色，每个人在会议结束时都感觉到自己的想法和立场得到了倾听。谈话中的每位参与者都应该有充分的机会坦率地谈论自己最关切的事情。

对于参与此类谈话的领导者来说，“在场”也是一项关键技能。运用积极的倾听技巧，表明你正在积极地理解对方所说的话，并给予相关团队成员充分的关注。肢体语言很重要，面向对方，保持眼神交流，不要分心。

但是，如果你处于可能升级为冲突的情境之中，或者冲突突然发生，而你又没有时间准备，该怎么办呢？正如我们所知，当产生压力时，我们会进入战斗或逃跑模式，试图保护或捍卫自己。以防御姿态面对冲突并不总是理想的做法，因此学会如何处理这种战斗或逃跑反应非常重要。

这时，情绪自我调节工具就非常有用了。无论是暂停一下还是离开房间都可以，总之要尽力调整情绪，以免被情绪所压倒。专注于呼吸和使用锚定技巧都可以有效帮助你做出回应。如果情况变得过于激烈，明智的做法是离开现场，推迟到稍后阶段再谈。

领导者可以采取的减少分歧对团队产生负面影响的主要措施之一，就是将冲突视为一件积极的事情。这就为坦诚对话开辟了空间，团队成员可以尊重的态度、不带攻击性地表达自己的感受和意见。

在某些情况下，冲突很容易解决。举个例子，两个人被要求共同开展一个项目。合作一开始，A 就没能按时完成自己的任务，这让 B 很不高兴。

虽然匆忙下结论可能很容易，但对于失望的 B 来说，更好的解决办法是问一问 A：为什么没有按时完成任务？是忘记了吗？或者只是因为A的工作风格更为轻松随意？有没有什么措施可以帮助他们更有效地合作？尽早达成一致比什么都不说要好得多，因为什么都不说难免会导致同事间的积怨。

我们都可能对此类小事听之任之，但如果任其发酵，就会不断恶化。每一次事情没有按计划进行，都会在上一次的不良情绪基础上进一步累积。许多冲突都是情绪长期积累的结果。

领导者需要营造一种环境，让每个人都能够与同事进行沟通，以确保这类情况不会得不到解决。在这个安全的空间里，人们可以畅所欲言，以及宣泄情绪。但是，如果冲突升级，领导者需要更加积极地干预，同时保持冷静，以便能够看清形势。这意味着他们要睁大眼睛，了解团队内部发生的事情，并且能够感知整个团队的情绪。

同样，我们已经介绍过的许多其他工具在这里也都能派上用场，比如表达共情和积极倾听。领导者要倾听，认可并重述自己听到的内容，以表示他们能够理解，因为在这里来自领导者的认可很重要。那些深陷冲突的人希望知道他们的担忧和关切有人听到。

我们的目标是缓和冲突，并找到一个所有人都能接受的解决方案。如果领导者已经做好基础工作，并且团队相信领导关心自己并信任自己的判断力，那将对解决冲突很有帮助。

本章小结

领导者可能因为各种原因而回避敏感谈话，而导致他们不愿采取行动的主要因素是情绪。更确切地说，是恐惧、悲伤、羞愧或失望等消耗能量的情绪。由于这些情绪是我们在进行艰难谈话时无法避免的，所以我们会试图不去进行这样的交流。

这会导致不良后果吗？答案是肯定的。作为领导者，培养团队成员是其职责所在。有时，这意味着要对表现不佳或有不良行为的员工进行艰难的谈话，否则他们就无法从错误中吸取教训，也看不到自己可以改进和发挥所长的地方。这也是人们希望得到建设性反馈的一个重要原因。

在本章中，我们仔细研究了所谓的“艰难”谈话，并探讨了如何确保这样的沟通成为公司文化的重要组成部分。由于很多时候职场冲突是不可避免的，我们还讨论了如果团队成员之间发生冲突该如何处理。

第 8 章

性别视角下的情绪差异

克拉拉的职业履历非常亮眼。在公司工作的 8 年里，她曾 5 次获得晋升。这并不令人意外，因为她为每个职位都注入了前所未有的活力，每次都能取得优异成绩。她的表现也激励着她的团队不断进取。

然而，随着克拉拉在公司里的晋升，她变得越来越不满和失望。她的资深同事一再告诉她，她太情绪化了。她在公司的职位越高，就越被鼓励要调整自己的情绪表达。当我与克拉拉交谈时，她一筹莫展，开始考虑是否最好的选择是离开。

对克拉拉来说，活泼和激情是她个性的一部分。她在西班牙的一个大家庭里长大，家里常见的场景是，同时每个人都在说话，充满激情地表达自己的观点。然而，不知何故，每个人的观点也都能得到理解。

她告诉我："当我做报告时，我能感觉到同事们都在看着我，觉得我太激动了，或者太活泼了。但对一个想法感到兴奋为什么就是坏事呢？我觉得自己没有受到重视。”

克拉拉的经历并不仅仅是因为文化认知的差距。我曾与无数其他女性交谈过，她们的故事与克拉拉并无二致。我每年为女性领导者提供情绪敏捷力培训时，这样的情况也屡见不鲜。

女性经常觉得在职场中处理情绪非常棘手。她们中的许多人都有过这样的经历：当她们激动不已或表现出对某事的强烈感受时，却被告知要冷静下来，或应该用更理性的方式说话。她们的男性同事似乎更热衷于指责她们过于情绪化，而不是真正倾听她们如此热忱的原因。因此，没有人知道她们是否可以在工作中做真实的自己。如果她们对某件事情有强烈的感受，是否应该压抑自己的情绪？

在一项对1000多份关于女性高管的全方位同事评价反馈报告的研究中，她们的男性同事写下了“她兴奋过度”或“太情绪化”之类的评论。女性高管在评论引发这些轻蔑性评价的事件时表示，女性同事们只是在热情地表达自己的观点。更令人沮丧的是，一些女性觉得自己不得不充满激情和力量地发言，否则男性同事更加不愿意认真去听。她们认为，如果自己以安静、平和的方式交流，男性就不会认真对待自己。

但具有讽刺意味的是，这种激情可能会使男性更加不把女性当回事，因为激情和情绪不是他们在职业交流中习惯的常态。因此，女性的观点无法落地，至少无法达到她们预期的效果。那些指责女性过于情绪化的男性同事还指出，不加控制的情绪会使得任何观点对他们来说都缺乏说服力，也会削弱提出这些观点的人的可信度。

基于女性的情绪反应而对她们做出的假设存在于职场的方方面面。女性经常会因为相比男性更易展现出一些情感，如爱心、同情心和人情味，而被束缚在与这些情感相关的社会角色中。因此，她们经常被安排负责健康和福利方面的工作，或负责人力资源工作，处理敏感问题，抑或组织开展集体活动。

除了女性在工作中应展现何种“自我”这一普遍困惑之外，还有一些双重标准问题。任何有志于担任领导职位的女性都必须立即放弃亲切温柔的形象，变得强硬、有权威感并随时准备捍卫自己的立场。

有时，女性觉得自己赢不了。这是个消极的说法，却是事实。

其中一个重要问题是不同领导风格之间的理解差距。以战略思维为例，所有领导者，无论男女，都必须具备一流的战略思维能力。有些男性指责说，女性不可能成为优秀的战略思考者，因为她们决策所用的时间太长了。然而，女性之所以不会简单地制订一份战略计划，是因为她们喜欢花时间倾听。女性领导者不会在同事发言时抢白，也不会急于得出结论，因为她们真心愿意倾听他人的观点。

男性和女性的确是不同的。我们应该把这视为一种积极的因素，而不必在一些无关紧要的事情上耗费精力。

克里斯蒂亚娜·拜占庭（Christiane Bisanzio）

多元化与包容性思想领袖

毫不奇怪，由于这种偏见和误解，女性感觉自己一直在走钢丝。她们是否太善良了？如果是，她们就会被视为软弱可欺。然而，如果她们太有权威感，总是坚持自己的立场，又会被认为是泼妇。

男性和女性在情绪方面的差异

科学研究

几乎没有证据支撑性别或卵巢激素对情绪变化有影响

女性真的比男性更情绪化吗？她们的情绪是否会像性别刻板印象所描述的那样，在月经周期内大起大落？密歇根大学的一组研究人员试图回答了这些问题。

研究小组对 142 名男性和女性进行了为期 75 天的跟踪观察，并记录了他们的日常情绪。研究对象中的女性包括自然月经周期的女性，以及使用 3 种不同口服避孕药的女性。研究人员得出结论，男性的情绪波动与女性一样大。这项研究指出，情绪的高低起伏受很多因素的影响，而不仅仅是激素的作用。

研究人员表示，由于我们的大脑结构不同，男性和女性在情绪反应方面存在一些差异。女性的大脑中扣带回的血流更充足，这是与情绪加工相关的脑部区域。这就导致女性比男性有更强烈的情绪反应，以及更为深刻的情绪记忆。

女性大脑中与社会认知和语言交流有关的区域也有更多的神经元连接。因此，女性通常更具共情力，对周围事物的感知力更强，而且比男性具有更丰富的表达能力。与女性相比，男性的情感中枢与情绪和记忆之间的连接较少，因此在沟通方面不如女性有效，这或许可以解释为何男性对热烈的对话兴趣不大。

尽管男性和女性的大脑神经元连接方式确实存在差异，但不太确定的是，我们是否生来如此。大脑内的连接会随着我们的经历和习得行为而改变。当相同的信号被反复处理时，神经网络就会变得更加强大。我们知道，女孩和男孩从一出生就受到不同的对待；许多男孩从小就被教育要隐藏自己的情感，而社会则更接受女孩展现自己的情绪（但女孩们，在职场上也不宜过度表达情绪）。

无论女性是否天生就比男性更情绪化，有些情绪反应的确是很难控制的，比如哭泣。女性的催乳素水平比男性平均高出 60%——这是一种促进产后乳汁分泌的生殖激素。由情绪引发的眼泪中催乳素含量极高，这也许可以解释为什么女性比男性更容易流泪。

与之类似，男性比女性哭得更少，因为睾丸激素会抑制哭泣。除了悲伤，女性哭泣的原因还有很多。例如，她们会在生气或沮丧时哭泣。一项研究发现，女性平均每月哭泣 5.3 次，而男性平均每月 1.3 次。

男性则倾向于用肢体语言表达强烈的情绪，尤其是在生气的时候，比如用拳头砸桌子。或者，他们也会大喊大叫。男性大声喊叫的概率几乎是女性的两倍（43% 对比 26%），其中的触发因素包括“意见未被重视”或“受到批评”。如果项目超出预算、错过截止日期或被取消，他们情绪激动的可能性是女性的 3 倍。此外，相较于女性，男性更有可能因情绪失控而选择辞职（20% 对比 11%）。

总而言之，男性更容易表达愤怒和自豪等强烈的情绪，部分原因是他们已经养成了除愤怒之外不表达任何其他情绪的习惯，而女性则更倾向于表达悲伤、内疚和羞愧等情绪。所以说，我们都有男性和女性的能量，但双方在表达和应对情绪上有所不同。

真正的问题在于如何回应

问题通常并不在情绪本身，而在于职场上我们对情绪的反应方式。各类组织往往将其组织文化建立在对男性和女性行为方式的完全不切实际的期望之上，尽管很多这些行为方式都源于古旧而过时的传统。

“真正的”男人要一直工作到筋疲力尽，这一广为流传的观念可以追溯到 17 世纪的新教伦理观，辛勤工作被视为服务上帝和社会的使命。这种观念一直延续至今，长时间工作被认为是忠诚的象征，而任何抱怨或无法跟上快节奏的人都被视为“不合群”。对“正确”行为方式的不切实际期望层出不穷，并形成了一种有毒的文化，那些不遵从规范的人会受到指责。

领导者应该做的是制定相关政策和规范相关做法，让员工能够恰当地表达自己，而不是被“一刀切”的文化所束缚。现在的情况是，许多团队成员一直在猜测怎样做才是最好的，可以或者不能展现哪些情绪，以及表达情绪的程度问题。这反过来又助长了有毒文化，因为个人会对不按某种方式行事的同事严加指责。

以工作中哭泣为例。绝大部分员工都不赞成这种做法，认为在工作中哭泣是不可接受的，而且同事们在这个问题上的态度往往比高管们更严苛。在员工中，有 32% 表示在工作中流泪是绝对不允许的，而相比之下高管中有 26% 持这种看法。不过，44% 的首席财务官认为过于频繁的哭泣会影响职业前景，这在一定程度上削弱了高管团队更为宽容的一面。

那愤怒呢？对在工作中表现出愤怒的接受度如何？超过一半的员工（52%）在工作场所发过脾气，但经过多年的社会化训练，显然男性表达愤怒比女性同事更为可接受。研究表明，愤怒的表达被视为男性工作能力和地位的象征。

愤怒和攻击性是潜意识的反应，目的是压抑任何软弱的迹象，以维持甚至扩大在社会等级秩序中的位置。这也是一种普遍的简单表达方式：表达愤怒的男性求职者比表达悲伤的男性求职者更可能被录用，他们在随后的工作中也被赋予更多的权力。然而，当女性表达愤怒时，在他人眼中她们的地位和能力非但不会提高，反而会降低。男性的愤怒被视为对外界环境的反应，人们对此的理解是他们受到了挑衅。女性的愤怒表现则被视为一种内在特质：她是一个易怒的人。

职场中对情绪的看法有很多不公平和令人困惑的地方。几乎在所有情况下，它都会对每个人不利。

让我们先从对女性的影响谈起。女性在工作中比男性更情绪化或被认为更情绪化的原因之一，是因为她们对自己的职场角色更上心。研究表明，女性比男性更希望自己的工作具有意义和目的感。因此，她们在工作中可能会做出更热情、更情绪化的反应，这是合乎逻辑的；她们只是对工作更加重视，情感投入度更高。讽刺的是，正如以下研究所示，这种投入实际上会损害女性的长期职业前景。

科学研究

性别与情绪：在组织层级中，男性享有更多的情绪益处

针对展现“过多”情绪的负面看法对女性的职业前景有多大影响？相当大。根据一项调查的说法，其影响程度有如女性穿着铅鞋奔跑。

通过对 14 615 名职场成年男性和女性的数据进行研究发现在最低的就业层次上，女性称感觉自己比男性更受尊重。然而，随着双方在组织中的职位不断攀升，情况发生了逆转。女性体验到更多的负面情绪，正面情绪较少。由于情绪会影响工作表现、决策、创造力、冲突解决和领导效能，这使得女性在下一次晋升时处于不利地位。研究人员指出，感到比男性更加不堪重负、压力更大、不受尊重和缺乏自信的女性很难突破职场天花板。

对男性来说，要始终保持坚强、强大和掌控一切的压力也是有害的。抑制强烈的情绪不利于心理健康，会导致冒险行为、药物滥用和抑郁。毫无疑问，这也导致了男性自杀率居高不下。

自杀是 50 岁以下男性的首要死因。平均每年有 6000 人自杀，其中 3/4 是男性。通常情况下，没有人知道某位男性同事正在挣扎不已，直到为时已晚，因为男性的友谊群体比女性要少，并且他们极少敞开心扉谈论自己的遭遇。

领导者应该如何平衡员工的性别差异

也许，造成我们今天这种局面的根本问题在于，工作领域的规范和期望是由男性制定的，反映了他们的行为方式。我们需要达到的理想状态是，女性带有情感和热情的工作方式被视为同样正常和有效。然而，我们离这一天还有一段距离。在此期间，我们需要从各个方面来解决工作中情绪的性别差异问题：从组织的角度、从领导者个人的角度、从团队成员的角度，无论男性还是女性。

让我们从整个组织开始。各地的企业都需要在情感方面重新取得平衡。如前所述，有太多的组织仍在死守文化规范，即男性和女性都应该平等地勇往直前，不能表现出任何情绪。

这在某些行业尤为明显，如金融和法律行业，这些行业历来重视团队成员始终保持坚忍、毫无怨言地长时间工作。人们很少认可或理解情绪在日常工作中的地位。这使得有关情绪的错误观念在工作场所大行其道，让团队中的男性和女性成员都处于不利地位，并导致他们感到被排斥。

组织领导者需要打破这种观点，明确指出，男性强硬、女性柔弱的刻板印象已不再合理。有大量证据表明，男性和女性都同样需要努力平衡工作和家庭生活，因此，为男性和女性提供同样的支持和灵活工作的机会是完全合理的，尤其是当他们需要照顾小家庭或年迈的父母时。这一点应该融入公司政策中。

领导者应该积极帮助大家了解，男性和女性在职场中的这些差异。他们需要公开承认，男女在工作方式上确实存在差异，但当女性更情绪化时，并不意味着她们不称职或不具备领导力。她们只是以不同的方式表达自己的感受。

同样，领导者需要以身作则，打破男性需要强势果断，而女性需要和蔼温柔的刻板印象。当我们努力让更多的女性担任领导职位时，这是至关重要的一步——我们早就应该这样做了。领导力需要力量和决断，而这既可以来自女性，也可以来自男性。组织中的每个人都需要接受女性领导者不会总是温柔和善，因为领导者不可能一直如此。

需要特别注意的是可能产生分歧的情况，如婴儿出生时的育儿假。现在，许多国家的法律都规定了陪产假，但男性往往不愿意休陪产假，因为他们担心同事们投来异样的眼光。对照护者（即职场妈妈）的偏见早已为人所知，其表现形式多种多样，从较低的绩效评估到更少的晋升机会。因此，人们的想法是，休陪产假可能也会影响男性的职业生涯。

这对男性来说是双重束缚。除了担心请假陪伴新生儿会影响自己的职业前景外，他们还会因错过与小家庭相处的关键时刻而焦虑。与上一代人相比，现在的年轻人更愿意分担养育子女的责任并共享家庭重要时刻，比如哄孩子入睡。

在任何情况下，都需要进行包容各方的讨论，明确期望并给予保证。其中的一部分过程是就特定工作场所中什么是可接受的、什么是不可接受的达成一致。同样，领导者需要以身作则。

以育儿假为例，领导者不应只是简单地传达这一选择的可行性，应该积极鼓励每个人休完全部假期。为了实现这种行为上的巨大转变，需要对新模式进行大量宣传，以确保每个人都确信这是领导层真正想要的。

男性和女性员工都需要明白，任何情绪反应都不会对他们产生不利影响。也许让每个人都可以在办公桌前随时大声哭泣（我将在下一节详细讨论这个问题）或向同事吼叫可能并不合适，但如果一位女性感到脆弱，可以给予一定的灵活性。例如，可以给她一些休息时间，或者允许她当天在家工作。

同时，可以帮助男性理解，在某些情况下感到有些脆弱是没有问题的。团队领导者可以通过使用此前已经讨论过的很多方法来表明，工作中可以谈论情绪，比如分享自己的脆弱，提供安全空间让男性敞开心扉讲述自己的经历等。

团队成员如何自助

我们已经探讨了帮助调节强烈情绪的多种策略，从面对复杂情况专注于呼吸到每天进行正念练习。这些都是有效的技巧，但是否有针对不同性别的技巧呢？

让我们先从男性开始。男性员工需要学习如何坦率地表达。职业女性多年来面临的许多问题，男性也无法避免，即平衡工作和家庭责任。他们可能从事着一份要求很高的工作，领导希望他们立刻完成一项任务，但他们可能也已经答应当天去学校接孩子。他们应该让谁失望呢？他们的经理还是他们的伴侣？

答案是都不必。相反，男性必须接受他们需要分享自己的担忧。在工作中进行坦率真诚的对话并不是示弱，经过沟通上级的工作期待是可以调整的。这样，当天的工作仍然可以完成，但也许是在做完所有家务之后。

我们的起点是让男性充分接受我们都有情绪，而假装情绪不存在会极大地损害我们的身心健康。

足球比赛是一种非常情感化的体验，可能也是男性唯一能安全表达强烈情绪的地方。男性在足球比赛中会表达所有的情绪：愤怒、快乐或悲伤。如果自己支持的球队输了，一个成年男性在比赛结束后哭上一个小时是完全可以接受的。如果赢了，他们会激动得跳起来，拥抱和亲吻朋友。这一切都是正常并且受到尊重的。

很多男性会利用周六的比赛来发泄一周以来所压抑的情绪。他们之所以愤怒、快乐或悲伤，并不仅仅是因为在球场上踢球的那群人，他们还因为之前发生的事情而情绪激动。他们真正需要承认的是情绪在日常生活中扮演着重要角色，并积极应对情绪。

对于男性来说，他们能做的最好的事情就是了解自己，了解自己的思维方式，了解自己真正想要的生活是怎样的。在高压的工作环境中容易被同化，并被牵着鼻子走，但如果你知道自己是谁，想要什么，那么改变方向就会变得很简单。找到一个稳固的友谊群体，并与其他价值观相似的男性友人保持互动，这一点非常重要。当我们想要做出重大改变时，我们都需要强有力的盟友。

艾略特·雷（Elliott Rae）

《音乐·足球·父爱》创办人兼主编

那么女性呢？如果她们发觉自己总是压抑着泪水或努力淡化对项目的热情，她们该怎么办？毕竟，这意味着她们并未在工作中完全展现真正的自己。

我在本书中采访的许多女性领导者都表示，她们在工作中始终坚持做自己。如果她们发现自己在工作环境中无法正常表达情绪，她们就会采取行动选择离开，因为这样的工作环境不健康。她们不愿意待在一个需要自己付出高昂的健康和幸福代价的地方。

在某种程度上，这也是我给克拉拉的建议，她是本章开篇介绍的那位才华横溢的女性。我建议她在任何情况下都不要失去对工作的热情，但当她与团队领导开会时，应该提前做好准备，了解与会的同事。

有所准备可能会对会议的召开有帮助，但她仍然需要在会议上展现真实的自己。

我们之前提到的哈贾尔·哈达维为我们展示了她在工作中如何处理尴尬的局面。

> 我当时正在和同事们参加董事会议，我们正在讨论预算，这是一个非常务实和理性的话题。当我给出反馈时，一位同事说："哦，你今天太情绪化了。"我什么也没说，反思了一下他的话，我觉得这一评价是不可接受的。
>
> 在下一次会议上，这个人变得相当愤怒和沮丧。我指出他很情绪化，并问他发生了什么事。这给他敲响了警钟，他道了歉，并说他没有意识到自己之前的评论所造成的影响。
>
> 我不会改变我的风格。
>
> **哈贾尔·哈达维**
>
> **高级总监，执行董事会成员**

我一次又一次地听到这样的故事。高级别女性领导者告诉我，她们不希望在会议期间进行自我调整，而是更希望在高管层内部建立一个安全的空间，不容忍歧视和偏见。女性需要挑战并推动变革。打破刻板印象必须自上而下进行。

这在实践中意味着什么？为了在会议中保持真实并被听到，女性可以做些什么？她们可以采取哪些策略让自己拥有公平的发言权？

对于许多女性来说，参加会议可能不是一件轻松的事情，因为会议通常由男性同事主导，他们在这种文化氛围中感到更加自在和自信。女性经常发现自己缺少发言权，而且与男性相比，她们说话时更容易被打断。（男性与女性交谈时打断对方的频率比与其他男性交谈时高33%）。

当女性有机会发言时，她们的观点往往得不到倾听或认可。许多女性都表达了她们的挫败感，她们在会议上提出了有价值的观点，却被忽视，然后这个观点被男性重复提出，就得到了大家的赞许，仿佛这个观点第一次被提出一样。

吉尔·惠蒂－柯林斯（Gill Whitty-Collins）

作家、非执行董事、顾问和高管教练

吉尔还补充说，有一些措施可以极大地改善会议中的平衡。首先，可以要求每次会议都设置一名合适的主席，以确保每个人都有公平的发言机会，且不被打断。其次，女性不要试图模仿男性同事在会议上的表现，而是要从自己的优势和专业知识出发，即她所说的“自信的内核”，真正地做出贡献。

“当我们在此基础上发言时，”吉尔补充道，“人们能感受到我们真正的自信，他们会倾听。我们的发言多少或时长并不重要。”

如果被打断或被别人抢白，女性可以这样说：“请允许我说完我的想法，然后我会把发言权交给你。”这种冷静的回应会将权力从打断者手中夺回。

同样，如果看到另一位女性的发言被打断，我们应该有力地支持她们，比如说："你的话被打断了，但我想完整地听到你的观点。"这样做不仅为正确的会议举止树立了榜样，还能让打断别人发言的人觉得自己的行为不合适，从而（希望如此）让他们以后不再这样做。

最后，对于在职场中哭泣有什么建议呢？可以哭吗？这是一个涉及诸多因素的棘手问题。正如我前面所描述的，哭泣是女性真实自我的一部分，她们比男性更容易流泪，尽管男性体育明星偶尔流眼泪似乎也是可以接受的。

哭泣并不意味着我们软弱，它只是表明有些事情对我们很重要。要求女性压抑这种自然的行为，其实是对支持男性主导地位的文化和规范的强化。毕竟，如果我们的目标是在工作中展现完整的自我，女性就应该在她们需要的时候流泪。

另外，我们也很难想象在职场中，公开哭泣会被视为中性甚至积极的行为。正如统计数字所示，人们仍然普遍对哭泣嗤之以鼻。也许如果女性从一开始就占据劳动力的50%，这种自然的行为就会成为职业生活的合理组成部分。谁知道呢，也许有一天这真的会发生，但是在当前职场大环境下，当众哭泣无疑是给职场女性歧视递上更多的弹药。因此，我的建议是到洗手间等隐蔽的地方哭泣。

本章小结

女性在处理职场情绪这个问题上常常感到棘手。她们中的许多人都有过这样的经历：当她们对某件事激动不已或表现出强烈的感受时，却被告知要冷静下来或以更理性的方式表达。女性可能会发现自已被推向与更具女性特质的情感类型，如善良、同情和仁爱。

关于女性应该在工作中展现怎样的“自我”，除了普遍存在的困惑之外，还有一些双重标准在起作用。任何有志于担任领导职位的女性都必须放弃亲切温和的形象，变得强硬、有权威感，并随时准备坚守立场。男性在工作中的情绪表达方面也有自己的挑战，就像女性一样，他们也被期望展现出某些情绪，如愤怒和自豪。组织领导者需要明确指出，男性强硬、女性柔弱的刻板印象已不再适用。领导者可以鼓励包容性的讨论，对职场中的情绪表达提出期望，并给出保证；这一过程还需要就特定工作场所可以接受什么和不可以接受什么达成一致。

第三部分

如何创造积极的员工体验

第 9 章

营造积极的情绪文化

大多数组织领导者都认为，我们已经走出了从《穿普拉达的女王》到《华尔街》等无数电影中描绘的高压职场环境。残酷竞争的环境会以某种方式逼迫员工发挥出最佳表现（甚至更多）的神话现在已被彻底揭穿。

当前人们普遍认为，这种无休止的压力造成的主要后果是，人际联结缺失、工作投入度低，甚至因过度劳累导致严重疾病。因此，企业正在投入前所未有的资源，以创造积极的员工体验。目前，全球 9 成的组织机构都提供某种形式的健康计划。人们非常看重“美好的”工作空间，从休息设施到设备齐全的健身房，再加上健康日等额外福利，所有这些都旨在激励员工，帮助他们放松身心，以最好的状态投入工作。

尽管这些优先考虑员工健康和幸福感的努力值得称赞，但它们往往并不像听起来那么全面。下面是一个很好的例子。

我的工作让我接触到瑞士的许多公司。因其良好的收入前景、强有力的工作保障、令人惊叹的工作环境和宜人的工作文化等综合因素，瑞士被评为最佳海外职业目的地。不过，当我与当地的团队交谈时，发现情况略有不同。

是的，他们说，公司建了很棒的健身房，里面配备了最新的装备，但他们的工作量太大了，很少有时间去锻炼。至于透过闪亮的落地窗就能轻松看到的迷人湖景，他们几乎没有机会抬头留意周围的环境。随时待命的状态，加上不合理的工作量、较低的自主权和缺乏社会支持，很大程度上抵消了健康计划的积极意义。

这并不是针对瑞士。毕竟，正如上述高支持率所表明的那样，瑞士的领导者无疑正朝着正确的方向前进。然而，他们仍有不足之处。瑞士乃至全世界的领导者需要为员工提供的是一种全面的以人为本的体验，或者更具体地说，是积极的情绪文化。

一提到“文化”这个词，大多数人都会立刻想到认知意义上的文化，也就是“这里的行为方式”。认知文化描述的是共同的价值观、规范和观念，许多组织都将其纳入组织文化体系，以帮助团队更有效地合作。它阐明了整个组织对以客户为中心、创新、团队导向或竞争力等理念的重视程度，并以此为组织基调。

认知文化固然重要，但它只是组织文化的一个侧面，另一面是情绪文化。情绪文化更注重感受、情绪和态度。

世界上各行各业的组织都有自己的情绪文化，因为它们的员工都是人，人类都是有情绪的。回到“这里的行为方式”的视角，当企业领导者认识到情绪文化时，就表明他们正在关注员工的实际感受或应该有的感受。企业领导者若想真正发挥员工的最大潜能，就不能仅仅通过智能的办公室和良好的工作条件来满足员工的基本需求，他们还需要建立一种情绪文化，满足其更高层级的需求。

忽视情绪文化的企业领导者是在为自己埋下失败的种子，他们忽略了对于个人和整个组织的运转都非常重要的部分。根据我的亲身经历，每次我辞职离开一家企业，原因都是管理者未能与我进行良好的沟通，或者我感到缺乏信任、未被重视或我的需求没有得到尊重。这些情绪反应才是我选择离开的决定性因素，而不是工作的质量或范围；健身房的存在与否对我的决定也没有任何影响。

员工敬业度 = 对组织的感情承诺①

在关于人才争夺战的铺天盖地的报道和无休止的讨论中，始终有一条共同的主线：员工敬业度。出于多种原因，保持员工的工作投入度日益成为企业的首要任务。与不敬业的员工相比，敬业度高的员工往往不会轻易辞职，这对企业来说是一个重大好处，因为每个离职员工的替代成本可能超过其年薪的 30%。高敬业度员工的每股收益比同事高出 140%，更不用说他们对生产力的积极影响了。他们也更具创新精神，更善于与客户打交道，对同事更有共情力。

相反，当员工感到自己的价值被低估、得不到支持或工作没有安全感时，他们就会焦虑不安、无法全身心投入工作。据估计，由于压

① 感情承诺是指组织成员参与组织社会交往的程度。它是个体对实体的情感体现，是一种肯定性的心理倾向。它包括价值目标认同、员工自豪感以及为了组织的利益自愿对组织作出牺牲和贡献等。

力、抑郁和焦虑，全世界每年 6.5 亿个工作日被浪费了。

在职场语境中，“敬业”究竟是什么意思呢？与许多企业流行语一样，其真正含义往往在重复中被遗忘。是的，我们知道，员工敬业度不是通过命令就可以轻松达成的；它是自愿的，也是个性化的，那么我们该如何定义员工敬业度呢？

答案众说纷纭。盖洛普将高度敬业的员工定义为“参与组织、对工作和工作环境充满热情和投入的员工”。管理咨询公司怡安翰威特（Aon Hewitt）则将其定义为“员工对组织的心理投入程度”。与我的看法最接近的定义来自人力资源软件提供商 Quantum Workplace：员工敬业度是“员工对其工作场所的心理和情感联结”。

因此，我们在工作中的敬业程度是由我们情感投入的深度决定的。毫无疑问，在个人能够自如表达情绪的工作场所，生产力、创造力、协作性和创新性都会显著提高。

你的办公室现在的情绪文化是什么？与认知文化不同，目前存在的情绪文化似乎难以察觉，或者说相当微妙，但只要你仔细观察就会发现，其实与你一起工作的每个人都能意识到它的存在，哪怕是在潜意识中。即使是新员工，也会立刻发现其中的蛛丝马迹。

事实上，每个人从开始新工作的第一天起都会经历一个过程，这个过程被称为情绪学习周期。在这里，最初几周内发生在他们身上的事情及其处理方式将奠定他们对组织文化规范的理解，并深刻影响他们后续的情绪反应以及管理情绪的方式。

比如，这名新员工遭遇了霸凌或目睹了同事受到轻视的情况。如果团队领导者妥善处理了这一事件，就会塑造新员工今后如何看待可以接受的及不可接受的行为；如果事件没有得到妥善处理，或被悄悄压下去，将会是个危险信号。新员工将意识到在这家公司，善良和同理心不是优先考虑的事情，这是个“强者生存”的环境。这反过来又会影响他们采取的应对策略。

人们相互问候、组织会议、讨论问题和在线交流的方式也是积极情绪文化的标志。显然，如果团队成员之间的沟通是双向的，以员工为中心，强调倾听、互惠和反馈，重视员工的声音和意见，这就是一些好的迹象。同样，当不同层级的领导者以积极响应、友好、热情、富有同情心和关怀的方式进行沟通时，他们的团队也更有可能以他们为榜样。爱、喜悦、自豪和感恩的文化就有可能形成。

科学研究

情绪文化对工作与家庭的影响

奥利维亚•奥尼尔（Olivia O’Neill）和南希•罗斯巴德（Nancy Rothbard）两位教授对驻扎在大都会地区的消防员进行的一项研究发现，以愉悦和友谊之爱这两种情感为基础的消防分队能够更好地应对工作压力。这些消防员也能更有效地处理因其工作的紧张和不可预测性而产生的家庭冲突。那些在鼓励压抑情绪的消防站工作的消防员，其工作 / 家庭冲突则较多，工作之外的冒险行为也更多。

员工在推崇快乐、友爱、积极进取的工作氛围中才能更好地工作。这些情绪会影响他们的创造力、决策力、工作质量和忠诚度。上述因素将促发机构凝聚力，建立参与感，进而对绩效产生重大影响。

奥尼尔与商业理论家西格尔·巴尔萨德（Sigal Barsade）联合开展的后续研究表明，注重创建积极情绪文化的机构往往比那些不注重创建情绪文化的机构更具竞争优势。他们还发现，积极的员工文化与良好的公司业绩、高质量的产品或服务，以及优质的客户服务之间存在着密切联系。各行各业都是如此。

员工敬业度不会无故产生。营造积极的职场情绪文化，需要持续关注办公室日常的所有微小瞬间。例如，细微但经常性的善意和支持，会累积成为一种以同情、关爱、温和待人、快乐、喜悦、自豪感和感激为特征的情绪文化。在这样的环境中，员工更有可能在组织内部表现出自主行为，以及对同事的拥护和支持。

然而，如果领导者经常（哪怕是细微地）表达失望、愤怒或不耐烦，那么挫败感、厌倦、嫉妒、恐惧和内疚等消耗能量的情绪就会深深地融入团队的日常互动中。合作和决策将更有可能沦为权力之争、霸凌和幻灭感。当耗能情绪在办公室中占据主导地位时，工作业绩和留任率就会大打折扣。

当然，我们的目标是建立并维持健康的情绪文化，一种能够产生强烈而持久的积极情绪的文化。所有组织的领导者都应该持续监测和评估工作环境中与健康和有害情绪文化相关的指标。在 HumanForce，我们将其称为“把脉”。

需要检测的指标包括领导者、同事和员工之间的关系质量，以及员工幸福度、多元性、开放性和公平性。为此，可以定期调查或评估员工对工作场所的看法，以了解他们是否认为自己身处积极、尊重、包容、心理安全和值得信任的工作环境。

每个人都快乐吗

在详细介绍如何建立健康的情绪文化之前，请允许我首先强调一个重要的问题。你很可能对这种用一排 5 个表情按钮来表示满意度的装置并不陌生。从机场到餐馆，随处可见。这些按钮代表从面露灿烂笑容的黄色表情（是的，非常棒！）到眉头紧皱的深红色表情（非常糟糕）与种情绪。在离开时按下一个按钮，即可登记反馈意见。

这些按钮越来越多地出现在工作场所的大厅里，邀请员工在每天晚上离开时表达他们对这一工作日的感觉。这听起来可能有点像人力资源部门的噱头，但它们被认为是了解员工感受的有效工具。不过，这里有一个重要提醒：

决定采用这种方法的组织不应去追求 100% 的幸福度评分。

当然，维持完全积极向上的组织氛围这一目标往往是出于良好的意图。高管们认为，创造一个运转顺畅、令人愉悦的工作环境是有益的，能够激励团队，但这一策略的结果并不总是如他们所愿。

正如我在本书其他章中所述，我们需要的是保持各种情绪的平衡。在任何情形下，鼓励（或更糟糕的是强制）持续的快乐和幸福都是无益的。我们的领导力、团队和企业能够从消耗能量的情绪中获得重要启示。

当一个企业的文化积极压制其认为消极的情绪时，就会催生“有毒积极性”，会对整个团队造成极大的伤害，因为它让个人觉得自己被否认或被忽视。

你可能很熟悉“有毒积极性”的迹象。人们用“积极乐观”的措辞压抑真实的情绪，比如：

- 保持积极！
- 振作起来！
- 看积极的一面！
- 一切都会好的！
- 万事皆有因！
- 停止消极！
- 想想开心的事！

在组织中，当积极性被视为比逻辑性更有价值，同时存在强迫快乐的普遍氛围时，许多问题会逐渐恶化：

- 个性会受到压制，因为每个人都被鼓励去符合一个典型快乐员工的僵化刻板形象，而不顾自己的个人风格。

- 员工会对自己的行为进行自我调节，意味着他们会搁置重要问题，并因害怕被视为消极或离经叛道而隐瞒合理的批评意见。
- 随之而来的是缺乏现实感。团队中的个人会高估自己的能力，导致过度乐观，对活动、会议和汇报发言准备不足。
- 由于批评意见是不受欢迎的，这种情况会自我延续。即使是糟糕的汇报发言也会得到掌声，这会导致工作表现不佳的恶性循环。
- 与此同时，在展现快乐的巨大压力下，没有人会觉得可以在工作中展现真实的自我。内疚、不信任和恐惧等情绪会被压制，导致身心受损。
- 由于缺乏明显的改进机会，整个公司的士气和动力都会受到影响。
- 在最极端的情况下，吹哨人和那些敢于站出来反对不公正和偏见的人会受到打压。

为了避免“有毒积极性”，要为所有的情绪创造空间。任何人都不应觉得自己需要压抑消极情绪。

在这方面，管理者起着关键作用，他们应该帮助员工确认自己的体验，而不是鼓励他们将其隐藏。每个人都应该接受培训，理解消耗能量的情绪，并在适当的时候表达它们，这样问题就能迎刃而解，而不是隐藏起来任其恶化。有了诚实的情绪文化，就有更大的机会发现、处理和解决问题，并进行富有成效的会议，得到有用的可行性反馈。

在接下来的3章中，我们将详细探讨如何基于信心、信任和公正建立平衡、健康的情绪文化，旨在营造提供心理安全感的环境。在这样的环境中，人们会产生更多给予能量的情绪，如喜悦、感激和希望，满足联结、关爱和归属感的需求。这是提升员工敬业度的关键所在。

本章小结

提到“文化”一词，大多数人都会想到认知文化。认知文化描述的是共同的价值观、规范和观念，许多组织都将其纳入组织文化体系，以帮助团队更有效地合作。

认知文化固然重要，但它只是组织文化的一个侧面，另一面是情绪文化。情绪文化更注重感受、情绪和态度。

世界上各行各业的组织都有自己的情绪文化，因为其主体都是人，而情绪、情感是人的本质属性之一。真正想要充分发挥员工潜力的企业领导者需要做得更多，不仅是通过智能化办公室和良好的工作条件满足员工的基本需求，他们还需要建立一种情绪文化，满足其更高层级的需求。

第 10 章
打造归属感文化

每个人都能回忆起自己缺乏归属感的那一刻。也许小时候在学校里，觉得自己是个局外人，从来没有真正融入过集体；可能总是最后一个被选入运动队，或者因为长相或行为“与众不同”而受到欺负。也许搬到了一个新的国家或来到新的工作岗位，却始终无法安定下来，或者觉得有必要向周围的人淡化或隐藏自己的宗教信仰、口音或性取向。

很多时候，我们觉得自己格格不入。我还清楚地记得，有很多阶段我感觉不到归属感。每一次的原因都略有不同，但它们都给我带来深深的隔阂感和不安。

第一次发生在我的童年时期。我出生在一个犹太人家庭，但我的父母让我进入当地的英格兰教会小学，之后又在英格兰教会文法学校就读。在上学期间，我还上希伯来语课，青少年时期父母还鼓励我参加犹太青年团体。

在学校的晨会上，我唱了所有的赞美诗，所学基督教知识几乎比当时所有同学都多，但在学校大会中，我从来没有感到自在过，我也从来没有觉得自己融入了犹太青年团体。我感到难过的是，我的同学朋友们都在基督教青年团体参加活动，而我却不在其中。所有这一切都让我备感孤独。

当我开始法律职业生涯时，我与周围人的区别不再是宗教信仰，而是教育背景。我受雇于一家久负盛名的律师事务所，很快就发现我的大多数新同事都来自私立学校。我被他们轻松的优越感和特权气息迷住了，这在他们的日常互动中显而易见。这些是在州立学校根本学不到的。

我又一次感到自己是个局外人，这次是因为另一种意义上的地位。这一次，我是以临时合同的形式加入一家公司的。出于某种原因，我以临时身份在这里工作了整整三年。这种安排确实有其负面影响，因为我从来没有觉得自己是这个组织的一部分，而我的同事们都是长期合同，这更让我觉得自己被隔离了。这种永远无法真正属于这个组织的感觉，使我最终辞去了这份工作。

归属感需求

为什么我们会有如此强烈的归属感需求？研究人员罗伊·鲍迈斯特（Roy Baumeister）将归属感概括为人类的一项基本需求，是一个具有多方面成分、预测因素和结果的复杂概念。他的研究超越了“有归属感是好事，没有归属感是坏事”的简单观点，认为归属感不仅是好的，而且渴望归属感是一种根深蒂固的人类动机。这种动机源自我们的祖先，它渗透到我们的思想、情感和行为中。

研究者、演讲者和作家布蕾妮•布朗（Brené Brown）提供了另一个有用的资源，她撰写了大量文章，探讨脆弱的力量。她说："生理、认知、物理和精神层面都决定了我们渴望爱、被爱和归属感。当这些需求得不到满足时，作为人类我们就无法正常生活。"

布朗完全正确地指出了归属感或归属感缺失对我们的深远影响。如果我们认为自己无法融入集体，就会感到焦虑和不自在。我们的大脑会不断扫描和检查自己是否被周围的人所接受。

当我们觉得自己得到了某种认可，大脑的前额叶皮层就会产生奖励反应。大脑处理被接纳的感觉与处理与浪漫伴侣的爱意感受的方式是一样的。它会产生多巴胺等强效激素，这些激素与奖励、强化和激励有关。它们让我们感觉良好，鼓励我们更加投入。

然而，如果大脑扫描的结论是我们不合群或遭到拒绝，一种威胁感和危险感就会传到大脑的无意识部分。这会激活我们的战斗、逃跑或僵住反应模式，对我们的免疫系统和总体健康产生负面影响。没有归属感的感觉真的很痛苦。

科学研究

被拒绝会痛吗？

社交孤立常常被描述为"伤感情"，但它真的会给我们带来身体上的痛苦吗？针对这个问题，一组研究人员进行了一项神经影像学研究。研究人员在志愿者玩虚拟投球游戏“电子球”（Cyberball）时对他们进行了扫描。虽然参与者之间没有直接的社交互动，但他们认为自己是在和另外两个人一起玩游戏。游戏设置中，其他两人都会不把球抛回来，将主要玩家排除在外。

扫描结果显示，当志愿者被排除在投球游戏外时，他们的前扣带回皮层和前额叶皮层更加活跃，这与他们自述的被忽视和受冷落的痛苦相关。

我们已经谈了很多关于情商的话题，但还有另一个影响我们归属感的因素：文化智商。正如心理学家保罗·艾克曼所观察到的，不同文化背景的人在展现和表达情绪的方式上存在差异。这对当今更加多元化的人力资源产生了影响，因为虽然我们都会感受到同样的情绪，如愤怒、恐惧、喜悦和悲伤，不同文化背景的人解释、控制和表达情绪的方式却各不相同。

在每种文化中，都有一些不成文的规则和规范，规定在特定情况下哪些情绪是可以接受的，哪些是不可接受的。在西方文化中，人们倾向于随时大声地表达愤怒和激情等高能量情绪。在会议中展现出热情在文化上是可以接受的。然而，亚洲文化背景的人更喜欢以更加沉静、含蓄的方式表达自己的情绪。同样，西方文化鼓励个人主义，而其他文化则倾向于集体合作。

如果企业领导者不了解这些规范，不理解团队中某个人的行为可能与其他人不同，就很可能将其排除在外。团队中的某个人看起来不那么热情，并不意味着他们对工作不够热忱——他们可能只是不习惯表达强烈的情绪。与此同时，这个人可能会觉得必须调整自己的行为，以保持团队的和谐，从而加剧了他们作为局外人的感受。

科学研究

面部表情的普遍性与文化差异

面部表情是通用的吗？显然，只有当我们被注视时才是。

在这项研究中，日本和美国的受试者被要求观看引发压力的电影。当受试者独自观看这些影片时，他们的面部表情大致相同；但当被告知有人在观察他们时，日本人则用微笑掩盖消极的表情，隐藏自己的真实感受。

为什么联结感与归属感如此重要

我们生活在一个不确定的时代。为了寻求一些安慰和稳定，许多人对职场抱有很大的期望。他们在寻找一片绿洲，一个可以找到意义感和团结感的安全之地。

这一趋势并未被忽视。一项调查显示，79% 的组织表示，培养归属感对其未来的成功非常重要。当员工感到自己受到尊重和公平对待时，会对工作的各个方面产生积极影响。归属感可使业绩表现提高56%，离职风险降低50%，员工病假减少75%。哪怕只有一次事件让某个团队成员感到被排斥或孤立无援，也会导致该成员的工作表现即刻下降25%。

一个显而易见的问题是：领导者营造归属感的努力效果如何？如果来自一线的报告能说明问题的话，那么情况并不乐观。大多数员工在职场中没有归属感。一项调查显示，61%的员工认为在工作中不得不隐藏真实的自我，进行“掩饰”，这是社会学家欧文·高夫曼（Erving Goffman）创造的一个术语。当人们缺乏归属感时，就会给自己戴上面具，从改变性格、穿着到说话方式，无所不包，其目的都是一样的：同化自身，融入他人。

掩饰会造成伤害。当我们觉得自己不得不长期违反本心或伪装为另一个人时，就会使工作满意度降低，压力增加，甚至导致职业倦怠。当领导者出现这种情况时，问题就会更加严重。在业绩压力下，他们可能会变得前后不一、反复无常，尝试不同的行为方式，以符合自认为应该展现的形象，但又总觉得自己做得不对。与此同时，他们的直接下属也会因不断收到混杂的信息而感到困惑和不安。

人们在掩饰自己时，并不总是一眼就能看出来。你可能对“情绪劳动”一词并不陌生。这是2018年的一个流行词，最初用于描述在工作中压抑情绪的需要，尤其是在面对客户的挑战性岗位上，无论何时团队成员都要保持冷静和愉快。

最近，这一概念又被扩展用来描述我们在工作中假装对轻度冒犯毫不介意的过程——这里指的是那些带有性别歧视、种族主义、能力论等色彩的微妙挖苦。这些屡屡发生的轻蔑行为通常被冠以“开玩笑”的名号，会破坏遭受“戏谑”一方的归属感。

我们对归属感的渴望源于对紧密社会联结的需求。当我们彼此联结时，就会有归属感。在职场中，当领导者创造积极的情绪文化时，一切会大为不同。紧密的社会联结会增加交流与合作。因此，人们会对自己的工作感到满意，并且能够抵御来自职场的压力和负担，这反过来又增强了他们对企业的感情承诺。这样，领导者和团队可以一起高效地工作。

反之亦然。当我们在工作中缺乏社会联结时，就会对员工体验产生负面影响。感到孤独和被孤立的员工，工作效率和质量均低于身边的同事，而且他们很可能会因为长期的压力和疾病而请假更多。

根据《英国医学杂志》上刊载的研究，孤独感会给健康带来一系列负面影响，包括冠心病和中风风险增加、免疫系统问题和认知能力下降；这种影响与吸烟者每天抽 15 支烟的习惯相当。相反，当我们拥有紧密的情感联结时，我们的寿命会因此延长，抵御疾病和压力的能力也会增强。

联结和归属感的文化与心理安全的概念密切相关：人们相信自己不会陷于难堪境地或面临被拒绝的风险。当人们感到心理安全、有归属感并受到同事的尊重时，就会更自信地分享自己的想法，即使这些想法乍看起来有些疯狂。这些疯狂的想法也许就会成为成功的金点子。如果人们没有足够的安全感来畅所欲言，那岂不是巨大的损失？

近来，我们与工作的疏离感愈发强烈。首先是疫情，导致许多人长时间远程工作。现在，我们进入了一个混合办公的新时代，很多人将居家办公和办公室工作结合起来。因此，许多人感到孤立无援，营造归属感的挑战也随之加大。作为领导者，我们如何为那些很少或只是偶尔与同事面对面接触的员工建立归属感呢？

我们所面临的悖论是，尽管社交媒体的形式多种多样，远程沟通的方式也层出不穷，从短信、电子邮件到（老派的！）电话，但许多人却感到前所未有的孤独。我们以技术的方式联系在一起，却缺少个人层面的联结。近来，这一直是我在与团队，尤其是那些居家办公或混合办公的团队合作时遇到的最大问题之一。

美国信诺保险公司（CIGNA）2022年初的一份报告显示，61%的员工感到孤独，比5年前增加了7个百分点。那些自述感到与同事和管理者关系疏离的员工比其他人孤独感增加了10%（53%对比43%）。在第1章中，我们探讨了“大离职”浪潮。我猜想，随着孤独症的流行，我们很快就会听到不少关于大规模疏离感的问题。

问题的一个重要方面在于，对于孤独人们仍然存在着羞耻感。大多数人不愿意承认自己觉得与同事格格不入，或者自己不是团队中正常运作的一员。一旦他们习惯了在工作中戴着面具，就越来越不愿意发声。当管理者意识到团队成员有这种感觉时，核心员工往往已经辞职了，这时再做任何努力都为时已晚。

多元化、包容性与归属感

当前，职场提倡多元化和包容性的理由比以往任何时候都更加充分。人们普遍理解并接受，多元化的组织在财务状况、员工敬业度、创造力和创新性等各项指标上都优于同类组织。当人们感到自己与众不同的特质受到重视时，就会提升组织在招聘和留任方面的潜力。

近来，多元化和包容性这两个长期以来放在一起使用的词组中又加入了一个新词：归属感。领英上的许多文章或是关于领导力的书籍都指出这三个理念的综合力量；但尽管出发点是好的，把它们都归结为一个笼统的术语可能会适得其反。仅仅因为某人被纳入了组织，并不意味着他就有了归属感。

多元化、包容性与归属感（DIB）是塑造成功的现代职场的渐进式步骤。多元化是指人力资源在种族、民族、性别、年龄、宗教信仰和身体能力等方面的代表性。一个组织要么拥有多元化的人力资源，要么就没有。

一旦某一组织建立了一支多元化的员工队伍，其领导者就需要努力确保每个人都有被接纳和包容的感觉。包容性是一种行为，其中各种各样的人可以进入这一工作环境，并能够舒适和自信地展现自我，知道自己的观点是受重视的。

归属感则将这一理念更推进了一步。当这一组织的员工感到自己是集体的一分子，并且自己的与众不同之处得到珍视时，该组织获得的情感结果便是归属感。

我喜欢 UKG 首席人力资源官帕特·维德斯（Pat Waders）的说

法，“多元化和包容性可能会从理性的角度吸引你，而归属感会吸引你的心灵”。换一种说法，多元化是事实（体现为数字），包容性是一种选择（我们决定是否接纳某个人），但归属感是一种感觉，我们特意在职场中营造的文化会不断巩固这种感觉。

如果我们不把每个阶段做好，就会损害我们所有的努力和善意。公司可以在招聘代表性不足的群体方面取得巨大进步，从而建立一支更加多元化的员工队伍，但如果这些员工随后却感觉自己无法融入，这将对双方都不利。

我在上文中提到了情绪劳动。对于性少数群体、残障人士或任何代表性不足的群体来说，这一点可能会更加明显，因为他们经常会遇到令人不适甚至冒犯的情况。他们不仅需要在个人层面应对这些问题，而且整个组织也往往期望他们礼貌地回应，并愿意纠正和教导同事。日复一日，这样的情绪劳动会削弱组织为创造更加多元化的人力资源所做的一切努力。

某些团队成员不可避免地会觉得自己需要戴着面具去上班，假装成为他们原本不是的样子，以融入集体。报告显示，83% 的性少数群体、79% 的黑人和 66% 的女性员工会努力掩饰自己的身份。正如我们已经讨论过的，这会影响这些员工的健康和幸福感、他们对工作的感受以及所做的贡献。与此同时，组织也无法获得多元化的益处，因为如果没有人能够在工作中展现真实的自我，组织便无法实现人才的全部潜力。

组织的 DIB 战略需要确保员工有归属感，能够做真实的自己。不要忘记，在当今的全球人力资源中，我们考虑的不仅仅是团队如何在一个办公室内协同工作。许多团队遍布全球，因此在考虑如何培养团队每个成员的归属感，为他们赋能做出充分的贡献时，很可能需要考虑多种不同的文化、背景和态度。

情绪工作和情商是其中的黏合剂，它们也是DIB工作取得成功的必要因素。公司正在开展大量工作，制定相关政策，包括围绕多元化和包容性的招聘目标。所有这些都是必要的，但不要忘记DIB本质上与人有关，归根结底是个人的、情感的问题。培养员工和领导者的情商能够帮助人们改变行为，也让个人有归属感。每个人都必须尊重他人的个性，进行沟通和交流，以建立包容性文化。

我在本书中描述的许多内容都与DIB工作相关。我们在第3章中重点介绍的自我意识可以帮助员工观察和识别自己在特定情境中的情绪，以及评估自己对可能涉及偏见或令人不适的话题的感受，这样他们就不会回避这种不适。能够识别他人给我们带来的情绪是自我管理的关键。成功做到这一点将对包容性产生巨大影响。

共情也是增强归属感的关键。积极倾听并能够与具有不同背景或观点的人交流，将有助于打破隔阂，凝聚团队。

一些组织已经在这方面取得了不少进展，通过鼓励讲述故事来增进感情——通过员工代表小组、焦点小组和倾听活动交流个人体验，从而激发和推动人们采取行动。故事可以开启对话，激发观点，帮助人们换位思考。事实上，一项研究发现，从他人角度看问题可能会“通过提高个人不带偏见地做出反应的内在动力，对与多元化相关的结果产生持久的积极影响”。

> 当我向先正达员工分享了自己的出柜故事时，这条帖子获得了约 2.2 万次浏览。人们纷纷联系我，说我的坦诚给他们带来了积极的影响。公司里的大多数人都是异性恋者，但很多人的子女或朋友都与我的情况类似，他们对此感同身受。虽然是个体经验，但通过这种呈现方式，我帮助了其他人更加坦诚地表达自己，并且更愿意倾听。
>
> **鲁本·亚历杭德罗**
>
> **先正达集团多元化与包容性负责人**

当然，讲述故事倡议能否成功，取决于能否为员工创造一个安全的空间，让他们可以畅所欲言，表达想法，而不必担心受到惩罚。有些公司可能需要聘请外部引导者来主持倾听活动，并处理敏感话题。

建立有意义的联结

团队中的联结，并不是我们采用了新的混合或远程工作方式就能实现的；甚至对于那些回到办公室进行全日制工作的人来说，这也不会自然而然就发生。以团队形式工作，无论是面对面还是通过定期的在线会议进行，都不意味着我们正在建立有意义的联结，这并不会自动带来一种被理解、欣赏和接纳的感觉，也不会让人们获得提出不同观点的勇气。

我们需要仔细考虑如何在职场中融入技术，因为技术会对团队的联结和归属感产生重大影响。当我们主要通过技术手段进行沟通时，人们很容易在情感上产生距离感。员工因此很少会谈论工作以外的事情，也不太可能敞开心扉或寻求支持，因为他们总觉得领导者并不关心员工作为个人的一面。当这些沟通的重要部分被忽视时，孤独感总会随之而来。

同样，在这个技术密集、全天候待命的文化中，信息不断涌现，人们很容易感到不堪重负。处理工作任务通常会优先于培养人际联结。你可能没有意识到这一点，但它确实正在发生。比方说，如果你发现自己在周末查看和回复电子邮件，而不是享受与家人朋友相处的时光，那么你就错过了日常生活中重要的情感部分。

这被称为“信息网球赛”。我们全神贯注于不断接收和传递想法和观点，却没有花时间去了解彼此。

将组织引导向归属感文化需要时间。并非所有事情都能一蹴而就，有些行动可能会让人感觉笨拙和刻意。可能会犯错误，但如果领导者的意图真诚并将自己的努力完全呈现给团队，事情就会改变。指针将从员工感觉被接纳转向对组织的归属感。

在本章最后一部分，让我们探讨一些关于如何在组织中积极建立归属感文化的办法。

明智地运用技术

技术给企业界带来了巨大的发展，包括从加快生产流程到提高团队效率等一系列好处，但我们需要仔细考虑使用技术的程度。人们轻而易举地通过电子邮件或 WhatsApp 发送一条关于工作问题的信息，但这会妨碍建立和维护有意义的社会关系。

作为领导者，你需要以身作则，经常拿起手机查看消息，或者更好的做法是，亲自去某人的办公桌前传达信息。面对面的交流能帮助人们减少孤独感和隔阂感，它能让人产生归属感，以及与工作场所的紧密联系。在可能的情况下，非正式地喝杯咖啡或吃顿午餐，或在附近散散步的时候，都可以进行讨论。

安排一些办公室社交日

即使你的大部分工作都是远程完成的，也要安排一些日子，让整个团队都能在办公室里聚在一起。把它变成一种固定的仪式，记在每个人的日程表上，而不是模糊地约定“未来我们一定要把大家聚在一起”。为活动起一个名号，比如“周五故事会”，每周邀请一个员工讲述个人故事。原创故事是营造归属感的有力方式。

另一个选择可以是“感恩星期一”，团队的一些成员可以在一周开始时描述自己感激的事情。记住，这些活动的目的是团队不要只谈工作，它们让人们有机会从纯粹的人的角度产生联结。

远程办公不意味着疏离

当无法进行面对面交流时，要有意识地确保每个人仍然能够保持个人联结。要充分利用 Flock 和 Slack 等协作工具。

这种聊天也不应局限于工作。鼓励同事们安排时间在线一起喝咖啡小憩，这样他们就可以像在办公室休息时一样彼此交谈。他们甚至可以一边在手机上聊天，一边一起散步。一开始可能会觉得有点尴尬，但话说回来，我们刚开始使用视频会议时也是这样，现在对大多数人来说已经是司空见惯了。

组织“每月一书”活动是一个有效的破冰方法。书的主题可以是与企业性质密切相关的，也可以是最新的畅销书。这样做的目的是鼓励整个团队阅读这本书并发表评论，从而创造互动的机会。

另一个选择可能是同行指导计划，让不同的团队相互了解，并在特定活动中相互帮助。这种跨职能的交流非常有效。对他人及其工作的好奇心是建立深厚联系的好办法。在此过程中，团队可以更多地了解他人的喜恶和动机，如果他们愿意分享，还可以更多地了解对方个人的一面。

保持沟通渠道顺畅

门户开放政策的理念现在看来可能有点过时，尤其是在团队经常分散办公的情况下，但你可以重申这一理念依然有效，只是条件略有不同。向团队明确表示，无论通过何种媒介，沟通渠道都是完全开放的。如果任何人想在线讨论或提出问题，我们都欢迎。讨论的内容也不受限制。定期、诚实的反馈是良好沟通的基础，也能真正增进人际联结。

回到文化意识的问题上，考虑与小组成员就他们在互动中展现出的情绪进行一次对话。问问他们喜欢怎样的交流方式。如果他们不是那种一听到新消息就热情高涨、兴高采烈的类型，也没关系。你只需为此做好准备，并计划相应的互动方式。

欢迎团队新成员

在远程和混合办公安排盛行之前，许多员工可能已经在同事间交到了朋友，但对于团队新成员来说却并非如此。因此，要特别注意入职流程。如果处理得当，在线办理入职手续也是可以的，但处理不好的话，往往会造成问题。毕竟，这是员工结交朋友、与新工作建立联结的第一个重要机会。

在组织内部建立一个流程，让新团队成员能够在尽可能不拘谨的环境中快速地与所有同事相互认识并彼此了解。安排“入职伙伴”可能会很有帮助，他们可以在需要时提供支持和见解，并让新员工感到安全和受欢迎。

组织工作以外的活动

营造归属感并不一定要局限于办公室。正如安妮·索菲（Anne Sophie）在这里所说的，为一个共同的使命或目标一起努力也同样具有强大的力量，因为这能给团队带来集体自豪感。

> 建立真诚的联系，为团队提供分享共同经历的机会，可以创造具有关爱和归属感的文化。鼓励大家一起开展一天的慈善活动，如帮助年轻人或弱势群体，能够在团队中建立深厚的联结。在更大范围内投入集体能在很多方面激发人们的热情。
>
> 安妮·索菲·埃梅奥德（Anne Sophie Eyméoud）
>
> 罗斯柴尔德集团财富管理总监

定期分享

最后，引入一种机制，让大家定期了解公司的最新进展。有什么新消息？具体项目进展如何？谁取得了值得关注的成就？如果员工觉得自己了解当前的事件，他们就会觉得与公司的联结更加紧密。

为支持所有这些活动，应建立一个系统，定期与团队成员进行沟通，了解每个人的感受。这种沟通流程可以采用调查或群聊的形式，以了解大家是否有归属感。你可以根据公司的情况选择具体的机制，重要的是将其融入日常工作流程。

本章小结

为什么归属感对人的幸福感如此重要？如果我们觉得自己无法融入集体，就会感到焦虑和不适。大脑在不断扫描和检查我们是否被周围的人所接受。当我们感到获得某种认可时，大脑会产生多巴胺这样的强效激素，这些激素与奖励、强化和动机有关，它们让我们感觉良好，鼓励我们积极参与。

然而，如果扫描的结论是我们无法融入或遭到拒绝，受威胁和危险的感觉就会传到大脑的无意识部分。这会激活我们的战斗、逃跑或僵住反应模式，对我们的免疫系统和整体健康产生负面影响。没有归属感真的很痛苦。

第 11 章

创建关爱的文化

如果在职场中引入“爱”的概念，你很可能会招来人们不解的眼神。有人甚至会嘀咕：“有规定禁止这种事情！”虽然情绪管理在有效领导中的作用已经得到较为广泛的认可，但“爱”这个词很少出现在企业语境中。

请暂时抛开狭义的爱的概念，想想与互惠互利的亲密关系相关的所有其他情感，想想对他人的同情、关怀、忠诚和温柔——这些强烈感受也都是爱的特征。现在想象一下，如果在职场中精心培育这些情感，它们将会是多么强大的力量。

科学研究

爱与工作有什么关系？

该研究团队从医疗保健行业入手，旨在确定富有同情心的爱的环境是否会对员工的士气和工作效能产生影响。结果发现，那些感到自己深受重视的员工比没有这种感受的员工敬业度更高，疲惫感更少，对工作更加满意。反过来，这些医护人员也得到了客户，特别是患者及其家属的赞赏，他们表示心情更加愉快，对治疗和生活质量更加满意。

人们可能认为，在医疗机构中，同情和关爱是先决条件，因此，研究者在其他无关的行业中考察了这一点与员工和客户满意度之间的相关性。初看之下，结果并不令人信服。同情心的水平因行业而异，但最显著的差异存在于各个行业内部。例如，金融服务行业的一些组织与医疗保健机构一样获得了很高的评价，而该行业中的其他组织评价则非常低。尽管同情与关爱的有效性已得到证实，但在企业文化中是否关注这一点仍是个关乎选择的问题。

无论是在工作中还是在社交中，相较于与他人保持更随意的关系，当我们与他人建立更亲密的关系时，我们会更加放松地表达自己的真实想法和感受。我们会表达那些原本可能会被闷在心里的观点，因为我们足够信任对方，知道他们不会立即否定我们的想法或贬低我们。

随着时间的推移，两个人之间的这种真诚和开放有可能发展成一种深厚的情感联结。我们会有足够的安全感去表达自己的脆弱之处或承认自己的错误，而且这种感觉是相互的。当亲近的人需要帮助时，我们都会给予支持和共情。

想象一下，如果你能够放心地以同样的方式与所有同事交流，将多么有力量。毫无疑问，这种诚实的环境会提升每个人的业绩表现和创造力。想想看，如果没有人因为害怕说错话而绕弯子的时候，团队的讨论将会多么富有成效。

> 每个领导者都可以做三件神奇的事情：一是询问团队中每个人的近况；二是认真地倾听对方的回答；三是关注刚才所听到的内容。如果每位领导者都能做到这一点，我们就无须再谈论“大辞职”浪潮了。
>
> 约翰·麦卡斯克（John McCusker）
>
> 百加得人才管理全球副总裁

当人们感到可以无所顾虑地畅所欲言时，他们就不会害怕分享自己的错误。人无完人，人都会犯错。分享错误是非常健康的，尤其是在工作中。如果失误不是立即遭到嘲笑或惩罚，而是人们可以公开探讨它，那么就能迅速解决问题，而不是将其掩盖起来，使其有可能发展成更大的问题。而且每个人都有机会从错误中吸取教训。当错误和失败成为日常工作的常态时，企业就会变得富有创新精神和创造力。

越来越多的企业开始意识到关爱的力量，这并不奇怪。在搜索引擎上搜索公司的价值观和原则，就会发现许多组织都把“爱”和“关怀”放在企业文化的首位，百事公司、全食超市和西南航空公司等家喻户晓的企业都在其中。

相信并运用关爱的力量可能是企业文化转变的顶点，即从以董事会需求为驱动力、完全关注生产力和效率转向以员工为重的企业文化。许多组织的领导者不再把团队视为只是为了完成工作而存在的资产，而是更愿意表明他们真心关心员工作为个体的价值。

当员工感受到关爱时，60% 的人可能会在一个组织工作 3 年甚至更长时间。相比之下，仅有 7% 的人表示虽然没有感受到关爱，但仍愿意在一家机构工作至少 3 年。对于被包容、接纳的感觉，95% 感受到关爱的人表示他们受到了重视，认为自己的感受被忽视的人只有 14%。在是否愿意向他人推荐自己的组织这一点上，两个群体之间的差异也很大（感受到关爱的员工中有 90% 愿意向他人推荐自己的组织，而没有感受到关爱的员工只有 9% 有同样的意愿）；在个人工作投入度方面也存在类似的差异（94% 对比 43%）。即使那些承认自己感到压力的人也认为，在组织的支持下，他们能够更好地应对压力（50% 对比 14%）。

为什么我们需要被关爱

疫情造成的影响之一是，我们中的许多人有时间思考自己的生活和选择的方向。长期的社交隔离促使我们认识自我价值，涵盖了从个人价值观、家庭目标到工作选择的各个方面。很多人质疑自己是否愿意做工资的奴隶，从事一份自己并不感兴趣的工作，并且领导也不太在意自己。

我们在前面谈到了“大辞职”浪潮；也可以说，“大反思”已经成为引发人们跳槽、寻找更好出路的关键因素之一。显而易见的结论是：不关爱员工或不将关爱表现出来的组织将在人才争夺战中处于劣势。

在疫情最严重的时候，大多数组织都明白了这一点，使得组织的服务比以往任何时候都更受欢迎。随着大量团队在家办公，许多组织意识到，虽然数字通信在保持联系和照常开展业务方面起到了救命稻草的作用，但这确实意味着一定程度上牺牲了关爱和同情。

当我们失去了每天与同事不期而遇的机会时，就需要有意识地停下来聊聊天、叙叙旧，或者用其他比较传统的方式表达感激之情。当我们远程工作时，除了屏幕上的二维图像，我们往往一天到晚都见不到面。工作会议按计划进行，很少有机会闲聊，尤其是如果每次互动都有很多人参与。一对一的单独沟通在这种媒介中效果并不好。

在全球公共卫生危机期间，大多数雇主也迅速意识到了这个问题，因为我们都在适应新的工作方式。人们普遍认识到，如果组织不采取行动，不妥善照顾团队的情感需求，很可能会面临第二波流行病——职业倦怠。现在，新冠疫情已经过去，每个人都“回归正常”了，但有迹象表明一些组织正在悄悄放弃那些关爱员工的努力。如果你所在的组织存在这种情况，那说明你对形势的判断有误。许多人仍然在家工作或通过混合办公模式工作，面临着同样的孤独与隔绝的挑战。

与此同时，很多那些在封锁期间找到自己的目标或至少正在朝着这个方向努力的人，不太可能接受回归到疫情前的状态。也许最重要的是，压力和职业倦怠并没有消失——反而越来越多。

在我撰写本书的过程中，世界各地涌现出了大量关于幸福度和心理健康水平的报告。《2022 年职场心理健康报告》对 3000 多名员工进行了访谈，发现每 4 人中就有 3 人目前在工作中遇到心理健康问题，而令人震惊的是，每 7 人中就有 1 人因为与工作有关的心理健康问题而离开职场。这些事实发人深省。

在前面的内容中，我们探讨了疫情对心理健康和幸福度的影响，以及全球慢性压力和职业倦怠增加的现状。我与许多组织合作，帮助其建立健康的企业文化，并在员工面临变革压力时为他们提供支持，但我仍然震惊于人们其实完全不了解职业倦怠的成因以及如何正确应对。

组织未能从根本上解决职业倦怠问题，职业倦怠是一个系统性问题，通常与“有毒”的工作环境、僵化的工作量、人员和资源紧张以及不合理的期望有关。组织领导者说他们致力于员工健康和幸福感的提升，并提供辅导和健身房会员是不够的。职业倦怠是一个需要妥善解决的重大问题，每个组织都有责任参与其中，并采取切实、积极的措施加以预防。

慢性压力的问题之一在于其隐蔽性。承受压力的人可能表面上表现良好，正常工作，履行职责，但他们的内心可能已经崩塌。创建关爱文化的原因有很多，但这是最有力的理由之一。

当公司拥有关爱的文化时，慢性压力的症状就会很快被发现。团队领导会关注团队的心理健康和幸福度，这意味着他们一旦发现此类症状，就能迅速做出反应。

如何创建关爱文化

在广义的层面上，关爱可以被定义为为他人提供健康、福利和保护；但在企业环境中，关爱需要比这更广泛。如果按照我们在第 2 章中提到的马斯洛需求层次理论来考虑关爱的概念，那么它将稳稳地位于金字塔的第二层：安全需求。在生活的各个方面，包括工作中，我们对关爱的需求与我们对安全感的渴望是平行的。

马斯洛需求层次理论

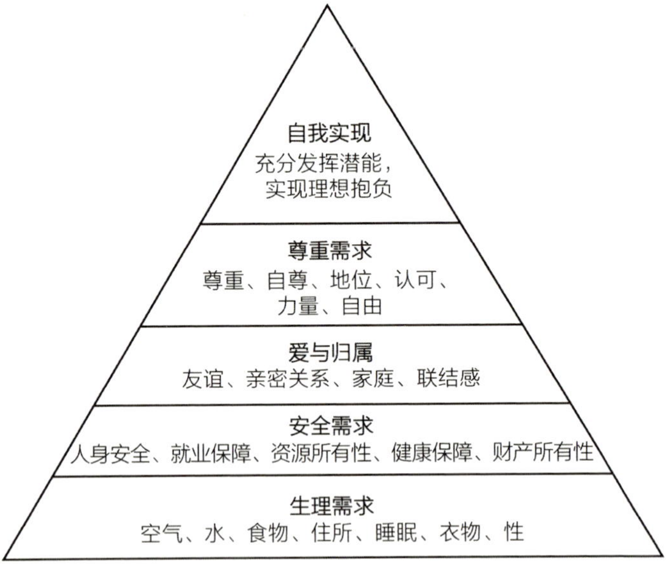

在第 5 章中，谈到情绪领导力时，我们探讨了领导者创造一个安全的情绪空间有多么重要。我建议使用积极倾听等技巧来真正关注人们说的话，并创造安全的空间，让每个人都有勇气畅所欲言。所有这些都能够帮助员工获得安全感，向彼此和团队领导者表达自己的感受，而不必担心受到任何评判或影响。当领导者营造出这样一种氛围时，将大大有助于让员工感受到关爱，并愿意分享他们原本可能憋在心里的想法和担忧。

我们能做的还有很多。在职场环境中营造安全的情感空间固然重要，但同样重要的是要记得，人们的生活中并非只有工作。关爱关乎人际关系的建立，而我们都知道，单方面的关系或缺乏真正相互了解的关系永远不会有好的结果。

领导者需要表明他们关心团队成员的完整自我。换句话说，就是要关注员工的生活经历，关注他们在家庭中、娱乐时以及工作中的样子。没有人会在走进办公室、坐到办公桌前的那一刻成为另一个人，我们也不应该那样做。我们是完整的人，也需要被视为完整的人，这是我们在工作中展现完整自我的基础。

那么，问题出在哪里呢？也许，这是过去把善良和同情心视为职场弱点的时代遗留下来的问题。正如谚语所说，好人吃亏。充满爱心与长期以来备受推崇的极具好胜心、击垮对手的企业家品质行为截然相反。幸运的是，我们已经开始看到朝向正确方向的转变，组织领导者至少开始谈论营造关爱的文化，尽管还有很长的路要走。

同样，大多数人希望看到领导者将员工视为完整的人。根据调查，82% 的员工认为组织将他们视为完整的人是重要的，但不出所料，许多组织在这一方面做得不够理想。不到一半（45%）的员工认为组织是以这种方式对待自己的。

不止如此。我们对“被视为完整的人”的含义也缺乏理解。我们中的大多数人都关心着工作场所四壁之外的许多事情，其中许多都与我们最亲近的人有关。在同一项调查中，超过 60% 的员工表示，他们的领导认识到并理解他们的个人承诺、家庭和社区是重要的，希望他们最好还能在可能的情况下做出适当的调整。然而，目前大多数组织都做得不够。只有 37% 的人表示，他们的组织了解员工在个人生活和家庭方面的需求。

营造关爱的文化需要自上而下的努力。这不是投入一点资源就能解决的问题，让基层人员去处理这些“煽情”的事情是行不通的（但不得不说，有太多的组织甚至没有拨出足够的预算来处理这个问题）。这也不仅仅是人力资源部门的事。要想塑造关爱的文化，领导者就必须以身作则。毕竟，他们应该是最先注意到团队成员压力或焦虑迹象的人。

在这一过程中，领导者很可能需要首先接受如何优先考虑员工心理健康和幸福度的培训。在领导者帮助团队成员敞开心扉、畅所欲言的过程中，这样的培训有助于他们驾驭微妙的谈话。通常，这种培训要求领导者自己能够自如地与团队分享个人信息，以鼓励他人坦率交流。

初期，人们可能会觉得很难适应工作中的关爱文化。就像任何新的关系一样，建立信任和紧密联结需要时间。有时，这种关系可能需要一点“连哄带骗”才能继续向前推进。

在企业环境中，尤其是在营造一种轻松谈论错误的氛围时，这一点尤为重要。如果以往的常态是对犯错的人进行严厉的批评，员工自然会产生怀疑。

这是个陷阱吗？我要承认所有错误，然后惹上麻烦吗？

就像上一章营造归属感与联结中提到的那样，最初的解决方案乍一看可能有些刻意，但人们会慢慢习惯的。随着时间的推移，它们将成为日常流程的一部分。

其中一个解决方案是“失败星期五”，数字公司 PagerDuty 等不少组织都采用了这种做法。每周留出时间讨论某些项目并分析其进展情况，尤其强调哪些地方可以做得更好。这些失败不一定是灾难性的（希望不会有太多这样的失败需要讨论）。它们只是路上的小插曲，拖慢了工作进度，或使工作方向稍有偏离。

这样做的目的不是点名批评，而是让整个团队献计献策，如何避免重蹈覆辙。在这些会议上，也不应禁止谈论成功。无论是围绕成功还是失败讲故事或分享故事，都有助于提升组织透明度。这种坦诚是建立信任和关爱关系的基础。

在营造关爱的环境时，不要错过任何机会。在一对一讨论某个项目进展的会议上，无论是在线还是当面，开始或结束讨论时都可以进行一些私人化的聊天。这些以了解对方为目的的聊天内容可以涵盖从员工的周末活动到其家人的近况，再到他们曾提及的铁人三项训练计划的进展情况。

小小善举，大有裨益。我们前面谈到要多表达感谢和赞赏，但这也可以延伸到偶尔给同事带杯咖啡，这样就有了一个很好的借口，你们可以停下来品尝一下咖啡，聊聊近况。

科学研究

把爱传递出去

当有人为你做了一件事，不要直接回报他，而是把善意传递给另一个人，把爱传递出去。工作场所中的简单善举能否营造一种更有爱心的文化？加利福尼亚大学团队的研究似乎表明确实如此。

一组来自马德里可口可乐公司办公总部的员工被分为给予者和接受者。给予者被要求在 4 周内对接受者做 5 件善事，可以是给同事带一杯饮料，也可以是对看上去心情不好的同事说几句鼓励的话。接受者不知道给予者被分配了这项任务。

实验结束时，给予者和接受者都明显感到更加快乐。此外，给予者的积极行为也鼓励了接受者去做同样的事情。换句话说，接受者将给予者的善举传递了出去。关爱和善意是可以传递的。

我的一位客户把“关爱”放在首位，她在日记中记录了团队成员的生日、纪念日和其他重要的日子。如果团队中有人身体不适，她会在日记中设定提醒，定期与他们联系，关心他们的感受。

营造一种关爱、倾听的文化不能一蹴而就，首先要在适当的时机与员工进行更坦诚的交流，从而建立比现在更深厚的联结。然后，你可以在上述努力的基础上，为员工提供更灵活的工作时间安排，以支持其应对家中的突发危机。例如，在特定情况下提供更长的家庭假期。另外，还可以引入家长支持小组，为新手父母提供宝贵的支持网络。

如果通过上述新建立的深入个人谈话机制，你了解到某个人想要发展某项特殊的爱好或技能，那么你可以寻找机会介入并支持其个人成长的愿望。培养这种兴趣和帮助个人发展技能，很可能会与工作中追求的目标相契合。即使不是这样，如果对方看到自己得到了所渴望的支持，去过丰盈而充实的生活，也将极大地激励他们。关注团队成员的幸福感及其心灵成长，营造目标共同体的氛围。

最后，可以仔细研究一下每周的工作时间。英国、冰岛和比利时等国的一些欧洲公司正在试行每周 4 天工作制。这项举措涉及多个行业的组织，从在线图书和礼品店 Bookishly 到案例管理提供商 AKA Case Management。其理念是，员工每周工作 4 天，完成相同的工作量，同时获得与传统每周 5 天工作日相同的薪酬和福利。

在另一项类似的实验中，瑞典的公司试行了每天 6 小时工作制，而不是通常的 8 小时。虽然这一举措还处于初期，也有一些反对者，但员工的反馈大多是积极的。长期压力和职业倦怠减少了，员工们表示工作与生活的平衡得到了很大改善。

当我们善待他人，关心他人，考虑他们生活的方方面面，包括他们的健康和幸福感，就能改变领导和员工的职场环境。

本章小结

如果在职场中引入“爱”的概念，很可能会招来人们不解的眼神。有人甚至会嘀咕：“有规定禁止这种事情！”虽然情绪管理在有效领导中的作用已经得到较为广泛的认可，但“爱”这个词很少出现在企业语境中。

请暂时抛开狭义的爱的概念，想想与互惠互利的亲密关系相关的所有其他情感，想想对他人的同情、关怀、忠诚和温柔——这些都是爱的表现。现在想象一下，如果在职场中精心培育这些情感，它们将会是多么强大的力量。

第 12 章

塑造认可与赞赏的文化

如果要找出我在辅导课程中最常听到的一个主题，那就是人们感觉自己的价值没有得到重视。尽管尽了最大努力，但他们认为自己没有得到赏识，甚至经常被忽视。具有讽刺意味的是，当我与领导者交谈时，他们通常很自信地说自己在这方面做得很好，随时随地都在赞赏员工。毕竟，如今大多数组织都会就如何给予积极反馈进行广泛的培训。

我不想选边站队，但我会在这里分享我的经验，你可以自己来判断组织领导者在积极反馈方面做得如何。在我的职业生涯中，得到过屈指可数的几次上司或同事的赞赏，我可以非常详细地回忆起当时的场景，甚至能复述他们的原话。这告诉我两件事：这种情况并不经常发生，而且一旦发生，就会给我留下深刻印象。

我们之前谈到过一句简单感谢的力量。说一句“谢谢”只需要几秒钟的时间，而且不需要付出任何成本，但我们这样做的次数却远远不够。当领导者经常说“谢谢”时，良好的情绪会在团队中传递，从而建立起信任和持久的联结。

我们都渴望得到认可。当我们的努力得到赞赏时，会刺激大脑中下丘脑的活动，它控制饮食、睡眠和压力水平，激活快乐荷尔蒙多巴胺。这让我们感觉良好，促使我们做更多产生积极反应的事情。

在职场环境中，创造一种认可和赞赏的文化对每个人都有好处。当人们感到自己的努力受到关注时，就会产生积极的情绪反应，进而增强职场的整体积极文化。这也会对员工敬业度和绩效表现产生影响。

反之亦然。调查显示，“感觉在工作中不受尊重”是员工辞职的三大原因之一，仅次于“工资低”（63%）和“没有晋升机会”（63%）。

我猜测，公司认为自己给予的表扬与实际情况之间的差距，根源在于认可和赞赏的区别。认可是针对成就给予的表扬，如取得好成绩或圆满完成一个项目。赞赏则更多地与个体作为人的价值和贡献相关。我们欣赏某人是因为其为人和贡献，而不是他们的产品或成果。

认可和赞赏对于员工的敬业度都至关重要。例如，当员工感到自己不被赏识时，就会产生强烈的反应，足以让他们考虑辞职。研究表明，美国近一半的员工（46%）曾因感到不被赏识而离职，而 65% 的人表示，只要自己的贡献得到老板的认可，他们就会更加努力地工作。

虽然企业领导者应该同时注重认可和赞赏，但大多数人却更倾向于给予认可，赞赏重大成功。如果你用逻辑推理出这个问题的结论，你可能会说，赞赏之所以如此匮乏，是因为每个重大的成就之间总是会有一些间隔。那些重要的时刻，比如赢得一个投标或完成一个项目，工作周期可能长达几周甚至几个月，然后才会有值得大肆宣传的实际成果。这意味着大多数团队成员会在数月甚至更长时间得不到一句赞赏，尽管在此期间会有许多小的成功也值得被认可。

与此同时，许多领导者甚至没有考虑过赞赏员工，从而错失了无数与团队中的个体建立联结的机会。之前，我们探讨过失去联结的危险性。当我们以领导者的身份表达赞赏时，也是在建立联结和营造归属感，能够加强我们与团队的关系。

在项目实施过程中对团队取得的小的成就表达认可是非常有必要的，尤其是当有些人并不希望因自己取得了成果而受到认可时。更好的做法是把重点放在取得成果的过程上。想象一支取得了 10% 销售增长的团队。这个结果当然令人钦佩，但这一成绩来自领导者对团队的激励、整个团队齐心协力以及他们付出的额外时间。成就来自所有这些投入的共同作用，领导者需要认可团队为取得成果所付出的努力。

哪怕只是过程中几句认可和表扬的话，也会产生巨大的影响，并让人铭记多年。我童年时最美好的记忆之一就是我的钢琴老师告诉我，她为我在练习中所付出的努力感到骄傲。她还表达了对我的赞赏，说我是她最喜欢的学生之一，那段时间我都感到无比幸福；我仍然记得她说这句话时，我产生的兴奋感和自豪感。要知道，每当我通过下一个级别的考试时，我都会得到一张奖状贴在墙上。虽然这些证书都很不错，但它们的价值与钢琴老师说这些话时我的感觉相比，就显得微不足道了。

如果你的领导曾经对你说过“和你一起工作真是太棒了”或“你给团队带来了很好的氛围”之类的话，你就会知道这种感觉有多么奇妙，多么令人难忘。这对作为团队一员的你来说是如此有人情味。

毋庸置疑，表达赞赏并不是一项可以委托他人代劳的任务；它不是人力资源部门的责任，也不像某种金钱利益或奖励。领导者需要在这一过程中发挥积极作用。

我十分喜欢金宝汤公司首席执行官道格拉斯·科南特（Douglas Conant）的故事，他在这家食品公司工作的10年间，向员工和客户发送了3万多封感谢信。他没有使用短信或电子邮件，每一封都是手写的，来赞赏个人的成就。这样做有效吗？是的，100%。科南特2001年加入金宝汤公司时，该公司正面临严重失败。当他离开时，公司已重回巅峰，并成为盖洛普“最佳职场奖”的常胜将军。

小小感谢，大有裨益

科学研究

为何表达感激能激发亲社会行为

一句简单的感谢不仅能提高受认可一方的自我价值感，还会使他们在工作中表现更好。研究人员亚当·格兰特（Adam Grant）和弗朗西斯卡·吉诺（Francesca Gino）发现，当外界使我们觉得自己有能力、足够胜任工作时，我们就会更倾向于投入时间和精力去努力，因为我们相信这样做能带来成功。

在这项实验中，研究人员关注的是为一所大学募捐的筹款人，传统上这是一项吃力不讨好的工作，往往得到的是粗鲁的反馈和频繁的拒绝。与那些几乎没有得到任何认可的人相比，那些每天得到感谢并被告知他们的工作值得赞赏的员工多打了50%的电话来帮助大学筹款，而且在未被要求的情况下坚持这项工作的时间也更长。

有趣的是，进行上述研究的沃顿商学院管理学教授亚当·格兰特也针对呼叫中心的工作人员进行了一项研究，发现感恩可以激发动力，改善情绪。在这项研究中，一组员工被要求写感恩日记，写下令他们感激的事情。另一组则被要求在日记中记录自己所做的令他人感激的事情。研究发现，与专注于自己的感激之情的员工相比，第二组员工在接下来的几周里工作更加努力，打了更多电话。通过表达“我今天有所贡献，我可以为大家做些事情”，他们的自我感觉更好了，工作表现也更出色。

另一项研究发现，通过增加对员工的表扬，组织可以将员工的工作质量提高24%，缺勤率降低27%，并将营业损失或盗窃率降低10%。针对低成本航空公司捷蓝航空的一项调查也得出了类似的结论，该公司在客户满意度方面得分很高，并将其成功的很大一部分归功于其内部的社交认可计划。捷蓝航空发现，每增加10%的认可表达，员工留任率就会提高3%，敬业度提升2%。这意味着更出色的工作业绩，因为数据显示，高敬业度的团队成员去积极争取客户的概率是低敬业度员工的 3 倍。

表达感激不仅仅关乎他人的良好感受。当我们向他人表达赞赏或认可时，也会对我们自己的精神面貌产生积极影响。当公司树立起赞美和感激的文化时，就会产生连锁效应，团队之间建立起信任，并更愿意互相帮助。换句话说，它在营造我们之前谈到的关爱要素方面发挥了关键作用；它还能提高人们的幸福感、满意度和适应力。

当我们表示感激时，也有助于他人增强自信和自尊。在我与客户的交流中，经常出现的另一个问题是，即使身居高位，他们中的很多人也患有“冒名顶替综合征”。他们觉得自己不够好，这种自信不足一直存在，蚕食着他们的自尊。

当我深究这种不安全感（通常是毫无根据的）背后的原因时，我总会发现他们所在公司对他们的赞赏和认可很少。这就是小小的赞赏之举真正发挥作用的地方，因为它们能增强信心和自尊。正如我们所知，人们会把善意传递出去，所以当人们对自己更有信心时，对身边所有人都会产生积极影响。

科学研究

积极性和联结感在企业团队绩效中的作用

胡萝卜还是大棒？表扬还是批评？哪种方式对提高团队绩效更有效？

这项研究发现，表扬和批评各有其作用，但最重要的是要把握好两者之间的比例。研究人员比较了对“我同意”或“这真是个好主意”等正面评价与对“我不同意”或“我们甚至不应该考虑这样做”等负面评价的反应。对于高绩效团队来说，最佳比例是 5.6 : 1，即约每 6 条正面意见对应 1 条负面意见。中等绩效团队显示的比例为 1.9 : 1，即正面评价几乎是负面评价的 2 倍。低绩效团队的比例则为 0.36 : 1，团队成员报告的负面评论与正面评论的比例几乎为 3 : 1。

研究人员说，一些负面反馈是有必要的，因为它有助于人们克服严重的弱点，但如果过度，就会对绩效产生非常不利的影响。

如上所述，有时确实需要传达严厉的信息。建议的做法是定期进行反馈，而不是每年一次在绩效考核时进行负面评价，这样做会产生负面影响。不过，应该用赞赏去平衡批评的影响，其比例要在 5 : 1 以上。

激励：语言和金钱一样有效

我们在工作中都需要获得激励。正如前一节中的数据所示，激励对提升生产力至关重要。然而，激励因素分为两种不同类型：内在激励和外在激励。

内在激励来自内心——我们做某事是因为喜欢。我们保持办公桌整洁，可能是因为我们喜欢井井有条；我们为同事冲咖啡，可能是因为我们喜欢帮助他人。外在激励则来自外部因素。因为我们从中获益才有动力去实现目标，比如奖励。我们保持办公桌整洁，因为这是公司的严格规定；我们给同事冲咖啡，因为我们在一个困难的项目中需要他们的帮助。

这两种激励因素都有其作用，但在外在激励方面，领导者可以发挥至关重要的作用。他们可以提供奖励，激励团队采取行动，但要注意：虽然薪酬和福利是关键的外在激励因素，但认可和赞赏也同样有效。

科学研究

人类纹状体对社会和金钱奖励的处理

如果你想完成某件事，金钱是最重要的激励手段，对吗？虽然加薪和现金奖励对于招聘来说可能很有诱惑力，并能提升绩效，但非现金激励，如简单的认可或赞赏之举，也同样有效。

在这项实验中，研究人员利用磁共振成像技术比较了金钱奖励和社会奖励对 19 名受试者大脑的影响。当受试者感到自己受到表扬而声誉得到提升时，他们的大脑中与奖赏相关的区域会被剧烈激活，其中最明显的是大脑的奖赏中枢——纹状体。大脑处理口头赞赏的方式与处理现金奖励的方式相同。它们是一种“共同的神经货币”，能够增强个体的动机。

作为领导者，我们确实也需要创造一种环境，同时满足人们的内在需求和外在需求，因为这两者都是至关重要的激励力量，我们需要实现适当的平衡。为此，我们必须承认每个人都是独特的个体，并发挥他们的优势。这就意味着领导者分配任务要尽可能考虑到每个人的特长，让团队成员感到内在的快乐。

对他人进行外在激励最简单的方式之一就是夸奖他们。这很容易做到，而且成本为零。然而，正如下面的研究所示，我们很多人都低估了赞美的力量。

科学研究

赞美的力量

你是否觉得赞美别人很尴尬？很多人都会这样，担心赞美显得不真诚或被误解，或者被赞美的人不喜欢。但很多人没有意识到，赞美的积极影响远远超出了他们的想象。

在这项研究中，人们被要求到大学校园里去赞美同性。在出发去完成任务前，他们被问及对给予赞美的感受。

当他们完成任务后，接受赞美（如“我喜欢你的衬衫”）的人被问及他们对这意外的赞美有何感想。在所有情况下，赞美者都低估了他们所说的话会给对方带来的感受。接受赞美的人比赞美者预想的更开心、更高兴、更受宠若惊。

我们中的许多人，至少有一部分，要对普遍不愿给予赞美负责。我知道，每当有人赞美我时，我往往会很快给出否定的回应。

有人可能会说，“我喜欢你演讲的方式，信息量很大”。

在我意识到之前，我会回敬说：“哦不，我完成得没有预期的那么好。我想我在前半部分有点磕磕绊绊……”

我相信这一定会让赞美者下次不愿再表现出任何热情。现在我意识到了这一点，我更加努力去优雅地接受赞美。我向赞美我的人表达谢意，因为我知道这也会让他们感觉更好。

如果你发现自己在给予赞美时感到尴尬，最简单的解决办法就是经常赞美别人，让赞美的过程变得更自然。如果一个人很少夸奖同事，那么双方都会觉得有点怪怪的。

认可和赞赏需要成为工作日的常态。积极强化的频率比强度更重要。我们在受到赞赏后所感受到的能量和喜悦不会持续太久，所以在它消失之前，需要定期补充。

如何给予有效认可

近年来，企业领导者已经意识到员工认可计划的益处，75% 的企业都在实施此类计划。然而，并不是所有的计划都能达到预期效果，员工敬业度得分仍然一成不变就能说明问题。

这很可能与这些计划的实施方式有关。例如，在认可计划中，员工会因为达到某个目标而获得证书，或者被邀请参加庆祝其在公司工作满一定年限的仪式。有些人认为这个过程有点程式化，不太自然。

此外，正如我在本章开头所强调的，等待里程碑事件可能会导致认可行为之间出现巨大的间隔。人们不会每天都退休，也不会经常庆祝工作满五年或十年这样的里程碑。

这类举措还有一个严重缺陷，那就是往往会忽略团队中的大多数人。只有一个人有可能成为“本月最佳销售人员”，尽管团队的其他成员可能一直在努力工作。

也许更有效的工具是同侪认可计划，这种方案在41%的组织中得到了运用。其目的是鼓励同事之间相互支持和赞美，让他们认可彼此的能力和为实现特定目标所做的努力。我们在工作中有大量时间与同事相处，同事的欣赏和尊重可以大大提升我们的工作积极性。

起初，团队领导者可能需要将这一过程正式化，留出时间鼓励员工表达对同事的欣赏或他们对项目所做的贡献，可以在会议开始或结束时定期进行这样的活动。这是一项值得付出努力的工作，因为与仅由领导者表达认可的计划相比，同侪认可计划的有效性要高出35.7%。

技术让同事间的互相认可变得前所未有的简单。包括Nectar HR、Blueboard、Assembly、Kazoo HR和Kudos在内的一系列应用程序允许员工提供对同事的反馈；还可以设立排行榜，显示“最支持员工的经理”或“最佳部门”，所有人都可以看到。

员工之间可以相互提名，获得同侪认可奖金或积分，以表彰对方在某些任务中的卓越表现。随着时间的推移，这些点数会像超市会员积分一样累积起来。每个人都可以看到其他人的表现，从而鼓励大家开放地讨论工作表现，并进一步参与同侪认可计划。这些应用程序满足了我们对参与感的需求，以及对周围人的努力给予认可和奖励的需求。

当团队领导者在这些应用程序之外对同事表达认可时，赞美必须是具体的。仅仅对别人说“做得好”或“干得不错”是不够的，甚至会显得有些肤浅和不真诚。相反，应该挑选出一些具体的细节。

例如，可以说：“昨天的演讲很有感染力。你说到了点子上，我非常欣赏你关于如何更有效地集中注意力的建议，对我未来的工作很有帮助。”立即具体地说出你从某项工作或活动中得到了什么，会让赞美更有真实感，因为你说明了它所产生的影响。

使认可表达更真实的另一个关键点是，表扬者在心里要清楚自己为什么这样做。大多数人都会看穿别人的表扬是出于对他们的歉意或想让他们开心起来。只有在有真正的理由时，才给予认可。在你的脑海中检验这一点的一个好方法是，问问你正在考虑表扬的行为是否真的对你产生了影响。

当你赞美同事的成就时，关键是要在相关事件或成果发生时尽可能及时表达赞美。如果几周甚至几个月后才去表达，这一认可就会变得毫无意义。

还要考虑传递信息的方式。团队中的每个人都不一样。外向的人会喜欢公开接受赞赏；但对于内向的人来说，这可能是他们最大的噩梦，私下感谢会更合适。这也是为什么作为团队领导，你需要了解团队中所有人的性格类型的另一个原因。

正如加里·查普曼（Gary Chapman）在他的《赞赏的 5 种语言》一书中所写的那样，表达赞赏并不总是需要通过公开或私下的感谢信中的赞美之词。领导者也可以通过花时间与团队成员相处，了解他们的工作进展，来表达对团队成员的重视。交流时注意不要一心多用或边聊天边回复邮件，以免影响效果；这正是积极倾听发挥作用的时候。

另一种表达认可和赞赏的方式是通过行动。当我们意识到团队中的一位同事正在辛勤工作时，可以主动提供帮助。

最后，团队领导者应始终认真考虑每个人在成果取得中所发挥的作用。在任何一家公司，都会有一些明星员工，他们能拿回大项目，并经常赢得所有的赞誉，但通常还有无数人也参与了每一步工作，任劳任怨，全力以赴。不要让他们成为无名英雄。他们的作用可能不那么显眼，但也是至关重要的，应该得到同等的认可。

认可和赞赏是关爱和归属感文化的关键要素。当我们感到被重视时，我们就会有安全感，并且觉得自己是整个团队的一部分。在每个人都经常给予和接受赞赏的文化中，给予者和接受者都会有愉悦的体验，关爱就会自动延续。

本章小结

我们都渴望得到认可和赞赏。当领导者经常说“谢谢”时，良好的情绪会在团队中传递，从而建立起信任和持久的联结。说一句谢谢只需要几秒钟的时间，而且不需要付出任何成本，但我们这样做的次数却远远不够。

在职场环境中，创造一种认可和赞赏的文化对每个人都有好处。当人们感到自己的努力受到关注时，就会产生积极的情绪反应，进而增强职场的整体积极文化。这也会对员工敬业度和绩效表现产生影响。

结 语

远程和混合式工作模式的兴起，使员工幸福度成为关注的焦点。虽然新冠疫情推动了“新型工作方式”的流行，但事实上，职场环境早在几年前就已经开始朝这一方向转变。技术改变了职场，创造出一种我们总感觉要随叫随到的文化，经常被完全不合理的工作量压得喘不过气来，几乎没有社会支持。

世界各地的组织领导者早已意识到，他们需要认真考虑如何让团队更加积极和敬业，并平衡这种“随时在线”文化对员工的高要求。形势已经非常紧迫。职业倦怠正以令人担忧的速度上升，它与一系列身心健康问题相关。有太多的员工出现极度疲劳、认知和情绪调节能力下降、焦虑和心理距离疏远等症状。

公平地说，许多组织领导者已经采取了应对措施。无论是提供辅导、健康日，还是瑜伽和冥想静修，各种举措层出不穷。大约 9 成的公司会提供至少一种健康福利计划，甚至已经开始出现一些竞争性的福利选择清单。现在，一些企业在其福利计划中加入无限假日，以吸引人才加入或留下来工作更长时间。

然而，这些举措并没有达到预期效果。除了职业倦怠率持续上升之外，还有一系列其他指标令人担忧。正如本书所述，我们正处于

“大辞职”浪潮中。辞去工作，寻找更有个人成就感的新职位的员工人数创下历史新高；他们正在离开自己觉得“有毒”的工作环境，以保护自己免于职业倦怠。

在我写这本书的过程中，出现了另一种现象：职场躺平——员工拒绝接受工作是他们生活的中心、他们必须不断超越预期以证明自己的观念。相反，他们有意识地在工作角色上退后一步，拒绝富有挑战性的项目，拒绝在工作时间以外回复工作信息。

如果提供健身房、无限假期和健康计划都无法扭转这一趋势，那么应该做些什么呢？领导者应如何阻止他们的团队成员离职或仅仅摸鱼度日呢？

答案在于改变我们的工作方式。我们需要妥善处理情绪问题，把每个人都当作完整的人来对待。在工作时，人们希望感受到情感上的投入和联结。他们追求灵活、个人化的人性化体验，以及与同事和团队领导者的牢固关系。

尽管疫情加速了向混合工作方式转变的趋势，但它也向我们展示了如何更有效地合作。在这一紧张时期，人们普遍认识到，许多人很难适应突如其来的环境变化；这迫使领导者关注团队中私人生活与工作之间的界限。

因此，疫情期间领导者花了更多的时间将团队成员视为完整的人。也许是有史以来第一次，许多企业领导者开始正确看待情绪情感问题，意识到员工是需要情感交流的。然而，疫情后许多公司又回到了一切照旧的运转状态。

这是个错误。我们需要将在疫情期间开始的工作继续下去，这意味着建立和维护情感联结，打造一个让人在职场中获得安全感和积极态度的人际关系网络。

总体而言，人是对情感联结有着根本需求的社会性动物。团队领导者完全有能力促进这一点（当然，个人也可以从更多地了解积极情绪文化的好处中获益）。本书提供了许多关于如何在团队中鼓励真诚对话的建议，这反过来也为情绪创造了空间，并为领导者提供了了解团队成员的机会，将他们视为完整的人，而不仅仅是打工人。

这就需要我们作为领导者花时间去欣赏所有的同事，认可他们所做的努力，并将他们视为多元化的、独一无二的个体。我们需要努力在团队中建设共同体，即使人们是在远程工作。所有这些都需要以持续监测团队中个人的情绪状态为基础。

正如我在本书中所述，情绪为我们提供了宝贵的信息。如果我们学会解读情绪，就能更好地理解团队中个体的所思所想。起初，这个过程对很多人来说可能并不容易，需要倾注的时间可能比大多数团队领导者认为自己有必要投入的时间还多，但回报将是巨大的。它将对生产力和绩效产生巨大影响。

忘掉不断攀升的津贴和福利。忘掉无限假期。相反，专注于帮助员工找到目标感，使他们获得联结感，成为共同体的一部分，受到关爱和重视。这样才能减少职业倦怠，避免职场躺平。

这样做的领导者不仅仅是在重塑职场，使其更符合人们如今的工作方式，为更美好的未来职场奠定基础。他们也将在帮助人们显著改善身心健康方面发挥关键作用。这是一项有意义的事业，值得每个人参与其中。

致 谢

非常感谢我的丈夫法布里斯，感谢多琳·范德瓦尔（Dorine van der Wal）和妮基·帕克（Niki Parker），他们坚定不移的支持和爱对我尤为重要，激励着我到达终点。特别感谢我的第一批读者佩妮·安德烈亚（Penny Andrea）和米兰达·昆尼（Miranda Quinney），她们给了我真诚而专业的反馈意见。

多位撰稿人充实了本书内容，他们用自己密切相关且颇为有趣的观点补充了我的经验和研究。我想借此机会对他们一一表示感谢，并向读者介绍一下他们。

安妮·索菲·埃梅奥德，罗斯柴尔德集团财富管理总监，比利时

作为3个孩子的母亲，安妮·索菲在金融界活跃了20多年。她是罗斯柴尔德集团比利时分公司的总经理，也是集团合伙人，负责环境、社会和治理、慈善事务、平衡与包容以及新一代项目。

安妮·索菲对领导力和影响力充满热情。她从小就积极参与慈善事业，并乐于通过慈善专题工作坊和不同基金会的慈善活动，在企业界和慈善界之间架起桥梁。

克里斯蒂亚娜·拜占庭，多元化与包容性思想领袖

克里斯蒂亚娜是一位享誉国际的人力资源高管，也是多元化、公平性和包容性领域的思想领袖，从事人力资源工作20多年，曾在通用电气和安盛集团担任领导职位。克里斯蒂亚娜因其在多元化、公平性和包容性方面的工作，连续3年入选《经济学人》杂志评选的“全球多元化50强领导者”榜单。

丽贝卡·尼科尔森博士，研究员和战略家，《冲突博士》作者

作为播客主持人、顾问、培训师、研究员和作家，丽贝卡曾与不同行业和文化背景的领导者合作。她专门研究冲突——包括它的起源、存在和对我们的影响——心理、情感、精神和身体等各个复杂层面。丽贝卡在冲突、战略沟通和行为智慧等复杂领域拥有20多年的工作经验。

她的专长是研究暴力和政治冲突、有目的的领导力和有影响力的人际关系。作为一名专家级别的批判性思考者和沟通者，丽贝卡帮助客户清晰简洁地阐述多方面的冲突问题，解读谈判中的微妙细节，发掘成长、学习和发展的潜在可能性。她在西非、南美、远东、中东和北非地区以及欧洲积累了跨职能的实地经验，参与过的项目涉及军事特种部队、土著居民、私营公司、非政府组织、政策制定者、媒体机构和部落领袖。

艾略特·雷，《音乐·足球·父爱》创办人兼主编

这个非常成功的育儿平台被 BBC 称为“爸爸们的妈妈网”。艾略特是畅销书《爸爸》（*DAD*）的作者，该书收集了 20 个感人至深的故事，诠释现代父亲的多样性，并挑战了传统的男性观念。艾略特在性别平等方面的工作得到了联合国的认可，并荣获联合国妇女署英国区的 HeForShe 奖。他曾被《独立报》和《每日电讯报》报道，也曾做客英国电视脱口秀节目《大话女人》（*Loose Women*），以及 BBC 新闻和第 5 电台直播节目。

弗雷德里克·范·穆伦，美敦力公司人力资源副总裁

弗雷德里克是一位人力资源高管，在人力资源管理的各个职能领域，包括首席人力资源官的职位上，他都有着出色的业绩和丰富的服务及行业经验。他在国际舞台上表现出色，善于在复杂的组织中进行直线和跨职能管理。在欧洲、北美和亚太地区工作和生活期间，他还积累了深厚的国际洞察力和多元文化专业知识。

在法律和人力资源领域担任了 30 年的高级职务，弗雷德里克积累了多领域的丰富经验，涵盖从制药、化工、工业和基础设施服务，到高科技设备，近年来还包括医疗设备等多个行业。

吉尔·惠蒂－柯林斯，作家、性别平等倡导者

吉尔是《为什么男性会在职场中胜出：如何让不平等成为历史》一书的作者。她于 1970 年出生在利物浦附近，是三姐妹中最小的一个，在当地的综合性学校就读，并进入剑桥大学学习。毕业后，她加入宝洁公司（P&G），领导玉兰油、Always 和潘婷等全球品牌，并迅速晋升为营销总监、总经理，最终成为高级副总裁。现在，吉尔担任主题演讲嘉宾、非执行董事、顾问、培训师和高管教练。

哈贾尔·哈达维，高级总监兼执行董事会成员

除了顾问/咨询师的“副业”外，哈贾尔还是日本电信电话公司瑞士分公司的高级总监和执行董事会成员，在 IT 行业已有超过 18 年的从业经验。她曾担任全球和地区性职务，主要负责企业战略、转型、变革和创新。她热衷于创造具有包容性和共情力的工作环境，鼓励和支持员工展现最真实的自我，成就最优秀的自己。

哈贾尔曾荣获欧洲商业领袖奖之“IT 界最佳全能女性”。她是 MOD–ELLE 咨询委员会成员、WINconference 咨询委员会成员，经常发表公开演讲，积极促进包容性领导和倡导可持续发展目标。

约翰·麦卡斯克，百加得人才管理全球副总裁

在苏格兰度过童年后，约翰移居英格兰，又前往西班牙，后穿越中东，来到曼哈顿，再到巴西，最后回到欧洲。一路上，学会西班牙语、葡萄牙语和法语只是他丰富人生旅程的一部分，而这段旅程仍在继续。对于百加得的员工，他把自己形容为健身教练，帮助他们培养技能和能力，以应对未来的挑战。约翰梦想创造一个充满善良、感恩和勇气的世界。

迈克·帕克尔，Flutter 公司激励总监

迈克拥有超过 30 年的全球人力资源高管经验，涉及整体薪酬、多元公平与包容、人才流动和人力分析等领域。他曾在 Flutter 娱乐、菲利普莫里斯国际公司、南非投资公司 Naspers/Prosus、联想、先正达、美国铝业公司、思科等公司任职，以及在美世、巴克咨询和 ORC Worldwide 担任咨询顾问。他在包括中国、日本、新加坡、巴西和瑞士在内的 9 个国家工作过，目前居住在伦敦，就职于博彩业巨头 Flutter。迈克曾担任 WorldatWork 全球顾问委员会成员，并在纽约大学伊拉斯姆斯项目讲学。

尼恩克·穆尔德，全球基金首席人力资源官

尼恩克是瑞士日内瓦全球基金的首席人力资源官。她对全球健康事业充满热情，与她的团队一起为全球基金的使命做出贡献，并利用团队的力量成功实施新战略。

尼恩克在人力资源、变革管理以及多元化和包容性方面拥有丰富的经验和超过 20 多年的领导能力和专业知识。从 2017 年 1 月至 2022 年 2 月，尼恩克在葛兰素史克公司工作，担任全球变革总监、全球包容性和多元化战略负责人以及瑞士人力资源总监。

她对志愿服务和社会公益充满热情，并参与了为非政府组织和其他公私合作倡议筹集资金、培养能力、指导和开发商业案例的项目。此外，她还经常在大学举办客座讲座。

鲁本·亚历杭德罗，先正达集团多元化与包容性负责人

鲁本出生于墨西哥，现居住瑞士。他是性少数群体的一名自豪成员，目前领导先正达集团及其遍布100多个国家的5万名员工的多元公平与包容战略。他对这一领域充满热情，指导并支持领导者将其纳入业务议程和优先事项。鲁本拥有两个硕士学位，在汽车、金融服务和生命科学等多个行业的跨国公司拥有超过15年的工作经验。

萨米尔·乔汉，联合国国际计算中心主任

萨米尔于2015年加入联合国国际计算中心，并于2019年12月被联合国秘书长安东尼奥·古特雷斯任命为中心主任。他负责领导联合国国际计算中心战略和业务的各个方面。他在公共和私营部门拥有超过20年的工作经验。

萨米尔有一位妻子和两个女儿，他喜欢和她们一起探索新地方，发现新美食。

萨佳·日奈，加拿大加密货币交易所Catalyx首席增长官

萨佳负责战略与洞察机构Catalyx的全球增长策略。她拥有丰富的经验，擅长构建和引领组织的洞察力，推动多个市场和职能部门的积极行动。

在加入Catalyx之前，她曾在宝洁公司的奢侈香水和护肤品牌部门工作，领导过咨询公司GHD的全球洞察部门，还担任过Neuro-Insight英国分公司的首席执行官。萨佳是女性研究加速计划的联合创始人之一，也是机构色彩研究的董事会主席，以及市场研究协会多元化与包容性委员会的成员。她热衷于推动月经健康的认识和研究，并积极参与英国子宫内膜异位症协会的志愿工作。

张向晨，世界贸易组织副总干事

张向晨大使曾在中国政府担任高级职务，包括商务部副部长和中国常驻世贸组织代表。他在国际事务和贸易谈判领域拥有超过 30 年的丰富经验。拥有北京大学法学学士、国际关系硕士和国际政治博士学位。

《情绪影响力》

ISBN：978-7-5169-2744-1
定 价：59.00 元

职场人必备的影响力通关秘籍，本书结合神经科学和情商的最新研究，提供一系列实用而高效的技巧和策略，让你随时随地轻松影响他人。

《人生不急、职场不慌：受用一生的成长指导书》

ISBN：978-7-5151-0882-7
定 价：69.00 元

这是一本专为职场人士量身打造的精进与成长指南，不仅从国内外职场的双重视角出发，提供宝贵的职场智慧和策略，还融入海量的工作案例，让读者从中汲取丰富的经验和启示。

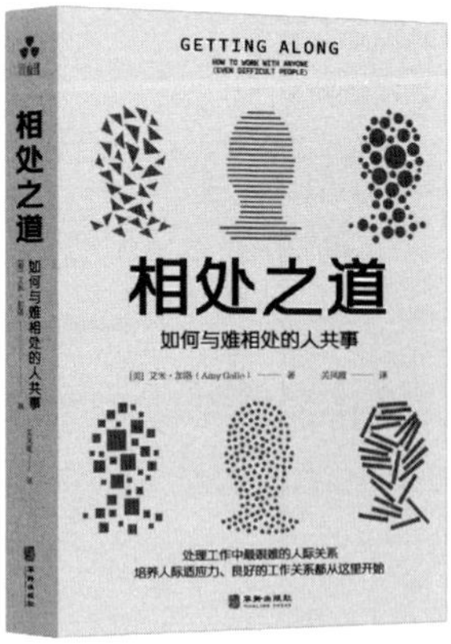

《相处之道：如何与难相处的人共事》

ISBN：978-7-5169-2581-2
定 价：69.00 元

本书介绍了八种难相处的同事类型，让你深刻了解各种类型同事的心理和动机，找到适合自己的相处方式，轻松化解与任何同事之间的冲突，从而赢得良好的人际关系。